SCHÄFFER
POESCHEL

Daniela Kudernatsch

Toolbox Objectives and Key Results

Transparente und agile Strategieumsetzung mit OKR

1. Auflage
Schäffer-Poeschel Verlag Stuttgart

Laura Thurauer, Juli 2021

Bibliografische Information der Deutschen Nationalbibliothek

Die Deutsche Nationalbibliothek verzeichnet diese Publikation in der Deutschen Nationalbibliografie; detaillierte bibliografische Daten sind im Internet über http://dnb.dnb.de abrufbar.

Print: ISBN 978-3-7910-4798-0 Bestell-Nr. 10397-0001
ePDF: ISBN 978-3-7910-4799-7 Bestell-Nr. 10397-0150

Daniela Kudernatsch
Toolbox Objectives and Key Results
1. Auflage, März 2020

www.schaeffer-poeschel.de
service@schaeffer-poeschel.de

Bildnachweis (Cover): © Becris, shutterstock
Illustrationen: Claudia Betzer

Produktmanagement: Dr. Frank Baumgärtner
Lektorat: Barbara Buchter, Freiburg

Schäffer-Poeschel Verlag Stuttgart
Ein Unternehmen der Haufe Group

Vorwort

Larry Page, Alphabet-CEO und Mitbegründer von Google, sagt: »Objectives und Key Results haben uns zu zehnfachem Wachstum verholfen.« Für welchen Manager oder Unternehmenslenker klingt das nicht verlockend? Google ist in der Tat ein sehr erfolgreiches Unternehmen und es stellt sich fast zwangsläufig die Frage, worin sein Erfolgsgeheimnis besteht.

Eine Erklärung dafür ist weder überraschend noch neu. Erfolgreiche Unternehmenssteuerung bedeutet gleichermaßen Effektivität und Effizienz: die richtigen Dinge tun und die Dinge richtig tun. Mit diesem Ansatz haben sich Wissenschaft und Praxis bereits seit vielen Jahren intensiv auseinandergesetzt und es wurden im Laufe der Zeit die verschiedensten Managementsysteme und unzählige Werkzeuge entwickelt.

Und nun also das Thema Objectives und Key Results (OKR) – eine neue Managementmethode, die Erfolge zweifelsfrei garantieren soll? Mit dieser Frage werden wir uns im vorliegenden Buch beschäftigen, doch eines dazu gleich vorab: Weder ist OKR brandneu, noch garantiert es automatisch langfristigen Erfolg.

Leider glauben viele Unternehmen, dass sie mit der Einführung einer neuen Methode die Wunden der Vergangenheit für immer heilen und in der Zukunft außerordentliche Erfolge verzeichnen können. Nachdem der Management-by-Objectives-Ansatz (MbO), ein viel diskutierter und Erfolg versprechender Ansatz, in der Praxis nur begrenzt überzeugen konnte, erhoffte man sich von der Balanced Scorecard eine bessere Lösung. Als auch diese Konzepte nicht funktionierten, suchten viele Unternehmen nach weiteren neuen Methoden, die endlich halten sollten, was sie versprechen. Und so finden aktuell sowohl der Hoshin-Kanri-Ansatz als auch der OKR-Ansatz zunehmende Verbreitung und erfreuen sich großer Beliebtheit.

Ein grundlegender Irrtum, der immer wieder zu Enttäuschungen führt, ist die Annahme, dass der Erfolg in der Methode an sich liegt. Meine langjährige Erfahrung mit unterschiedlichen Managementmethoden ließ mich zu folgendem Schluss kommen: Grundsätzlich verfolgen alle

Managementsysteme das gleiche Ziel und jede Methode hat ihre Vor- und Nachteile. Wie gut oder schlecht die Umsetzung erfolgt, hängt jedoch ganz davon ab, inwieweit sich die jeweiligen Managementpraktiken in der DNA von Führungskräften verwurzelt haben. Damit *muss* jede Managementmethode – auch OKR – als reines Führungsinstrument verstanden werden.

In der Praxis hat sich auch immer wieder gezeigt, dass es kein fertiges Rezept für die Einführung eines Managementsystems gibt. Vielmehr muss sich jede Methode in Abhängigkeit vom spezifischen Unternehmenskontext selbst entfalten und etablieren.

Die Intention, das Buch OKR zu schreiben, steht in einem sehr engen Zusammenhang mit meiner langjährigen Tätigkeit im Bereich der Strategieumsetzung. Bereits Ende der 1990er-Jahre führte ich als eine der ersten Berater[1] in Deutschland die Balanced Scorecard (BSC) in einem Finanzinstitut ein und begleitete anschließend viele Unternehmen bei der Umsetzung. Wenig später erkannte ich im Hoshin-Kanri-Ansatz, der aus der Welt des Lean Management stammt, einige wesentlichen Vorteile bei der praktischen Umsetzung. In der Zwischenzeit habe ich viele Hoshin-Kanri-Projekte begleitet und vergleiche dessen Erfolge und Vorgehensweisen immer wieder mit neuen bzw. alternativen Ansätzen. Auch bei OKR fand ich sowohl in der Theorie, aber insbesondere in der praktischen Umsetzung neue Vorteile, aber durchaus auch gewisse Schwachstellen.

Mittlerweise bin ich davon überzeugt, dass die richtige Kombination der Managementsysteme das Erfolgsgeheimnis ist und die einzelnen Ansätze nie nur in Reinkultur anzuwenden sind, wenngleich der OKR-Ansatz viele Voraussetzungen, die für die erfolgreiche Steuerung eines Unternehmens heute erfüllt sein müssen, sehr gut erfasst und erfolgreich implementiert.

Deswegen versuche ich Ihnen in diesem Buch einen praktischen Leitfaden für die Einführung der OKR-Methode zu geben, der an vielen Stellen bewährte und praktische Hilfsmittel sowie über die Jahre eigens entwickelte Methoden enthält. Alle Kapitel zeichnen sich durch Praxisbeispiele sowie Tipps und Anregungen zur Selbstreflexion aus.

1 Aus Gründen der besseren Lesbarkeit wird bei Personenbezeichnungen das generische Maskulinum verwendet. Selbstverständlich sind damit immer beide Geschlechter gemeint.

Mein größter Dank gilt meinen Kunden, die es mir erlaubten, über die letzten 20 Jahre viele Erfahrungen zu sammeln, und die Dinge mit mir gemeinsam entwickelten sowie ausprobierten. Ohne sie wäre es mir nicht möglich, diesen Praxisleitfaden zur Einführung von OKR herauszugeben. Außerdem bedanke ich mich bei den Kollegen vom Schäffer-Poeschel Verlag, Stuttgart, die meine Buchidee sowohl vom Inhalt als auch von der äußeren Gestaltung von Anfang an stark unterstützt haben.

November 2019 Daniela Kudernatsch

Inhaltsverzeichnis

KAPITEL 1

EINFÜHRUNG

1 Einführung

Quizfrage: Nennen Sie bitte den jeweils direkten Wettbewerber von YouTube, Amazon, Facebook, Google, Netflix oder Airbnb. Nicht so einfach, oder? Dann machen wir es etwas leichter. Nennen Sie bitte jeweils die direkten Wettbewerber von Shell, Audi, Canon und Siemens.

Was lernen wir aus dieser kleinen Übung? Es liegt nicht so ohne Weiteres auf der Hand, wer die direkten Wettbewerber der ersten Gruppe sein könnten. Warum? Die High-Tech-Giganten haben sich Anfang dieses Jahrtausends in Windeseile an die Spitze der Top-Unternehmen weltweit gesetzt und sich in dieser relativ kurzen Spanne eine außerordentliche Wettbewerbsposition aufgebaut. Noch weniger allerdings lässt sich die folgende Frage aus dem Stand beantworten: Wie lange werden diese Unternehmen so erfolgreich sein und die Unternehmenswelt dominieren?

Mithilfe eines weiteren Gedankenspiels wollen wir versuchen, Antworten auf diese und ähnliche Fragen zu finden. Lassen Sie uns gemeinsam eine Zeitreise in die letzten 100 Jahre unternehmen. In Abbildung 1 sehen wir einen Vergleich der Top 10 der US-amerikanischen Unternehmen von heute mit den Top 10 vor 50 Jahren und vor 100 Jahren. Was sehen wir in dieser Darstellung? Die Branchen, in denen diese Unternehmen agieren, haben sich signifikant verändert. Heute stehen Tech-Unternehmen an der Spitze der Top-Unternehmen weltweit, wohingegen traditionelle Unternehmen aus Branchen wie Öl und Gas, Stahl und Gummi im Ranking verdrängt werden. Wir wissen auch, dass Unternehmen wie Kodak oder Polaroid nahezu verschwunden sind und es nur eine Frage der Zeit ist, bis es anderen Unternehmen ähnlich ergeht.

Die Unternehmenswelt hat im letzten Jahrhundert signifikante Umbrüche erfahren und wir können ziemlich sicher davon ausgehen, dass sich an dieser Dynamik auch künftig nichts ändert. Im Gegenteil. Nehmen wir also an, diese Entwicklung geht weiter, dann würde das bedeuten, dass sich keines der heutigen Top-Unternehmen in 50 Jahren noch unter den Top 10 befände.

Was können Unternehmen also tun, um ihre Marktposition zu verteidigen oder auszubauen? Eine Untersuchung von *The Economist Intelligence Unit (EIU)* zeigt, dass Unterneh-

1

Abb. 1: Die Top 10 der US-amerikanischen Unternehmen der letzten hundert Jahre

men ein signifikant höheres Wachstum, eine höhere Profitabilität und einen größeren Marktanteil erzielen, wenn ihre Mitarbeiter die Unternehmensstrategie verstehen, an diese glauben und Fähigkeiten besitzen, diese Strategien auch umzusetzen. Der kritische Erfolgsfaktor dabei ist, wie viel Zeit das Unternehmen auf die Strategieplanung und -umsetzung verwendet. Es zeigte sich, dass 46 % der untersuchten Unternehmen mehr Zeit für Strategieumsetzung als für Strategieplanung verwenden, 27 % einen ausgewogenen Ansatz haben und 26 % mehr Zeit auf Strategieplanung im Vergleich zu Strategieumsetzung verwenden.

Bei vielen Unternehmen, die ich kennengelernt habe, dauert der Strategieplanungsprozess mehrere Monate und reicht teilweise sogar bis ins neue Geschäftsjahr. Dies führt unweigerlich dazu, dass die Zeit für die unterjährige Strategieumsetzung entsprechend verkürzt ist und ehe man sich's versieht, steht schon wieder das neue Planungsjahr an.

Die Frage, die sich demzufolge stellt, ist: Macht es in einem sich so schnell ändernden und ungewissen Marktumfeld denn überhaupt noch Sinn zu versuchen, die Zukunft zu 100 % vorherzusagen und so viel Zeit in Strategieplanung zu investieren?

Herausragende Unternehmen haben offenbar eine Antwort darauf gefunden: Sie planen sehr kurzzyklisch und fokussieren sich mehr darauf, eine flexible und lernende Organisation zu entwickeln. Sie sind in der Lage, mit Ungewissheit umzugehen. Diese Unternehmen haben in der Regel ein entsprechendes Managementsystem, unter anderem die OKR-Methode, etabliert.

1.1 OKR – ein völlig neues Managementsystem?

Wenn Sie sich mit Objectives und Key Results (OKR) beschäftigen, empfehle ich Ihnen dringend, sich auch einen Einblick in andere Managementsysteme zu verschaffen. Warum? Weil es sich bei OKR schlicht und ergreifend nicht um eine neue Managementmethode handelt. Die Ursprünge von OKR gehen zurück in die 1980er Jahre und speisen sich ursprünglich aus Ideen des MbO-Ansatzes (MbO = Management by Objectives), wie übrigens etliche andere Managementsysteme auch. Und ebenso wie viele andere Systeme weist OKR daher auch verschiedene Vor-, aber auch Nachteile auf. Selbst der einflussreiche US-Manager und OKR-Befürworter John Doerr (2018) schreibt in seinem Buch, dass es zum einen kein »Kochrezept« für OKR gibt und dass man zum anderen OKR nicht in Reinkultur einführen kann. Einige der wichtigsten Systeme werden im Folgenden kurz vorgestellt (vgl. Abb. 2).

1.1.1 Management by Objectives

Management by Objectives (MbO) geht auf Peter Drucker zurück, der 1954 diese Managementmethode mit dem Schwerpunkt »Führen durch Ziele« entwickelte. Sinn und Zweck von MbO ist es, die strategischen Ziele des Unternehmens umzusetzen, sodass jeder Mitarbeiter seine Ziele kennt und täglich daran arbeitet. Geprägt durch die Arbeitsteiligkeit des Taylorismus war der Leitgedanke, dass sich die Unternehmensziele aus der Summe der Einzelziele zusammensetzen. Dabei werden die Ziele top-down kaskadiert und im Rahmen von Zielvereinbarungsgesprächen festgelegt. Weltweit haben Unternehmen in der Folge MbO eingeführt. Vielfach hat sich MbO jedoch zu bürokratischen Abläufen mit viel administrativem Aufwand – zum Beispiel durch das Ausfüllen von umfangreichen Zielvereinbarungsformularen – entwickelt. Wenngleich viele Unternehmen noch mit MbO arbeiten und insbesondere Personalabteilungen daran festhalten, ist eine abnehmende Tendenz in der Anwendung zu verzeichnen.

1.1.2 Hoshin Kanri

Hoshin Kanri ist eine Managementmethode, die ihre Ursprünge in Japan in der Zeit nach dem Zweiten Weltkrieg hat. Japanische Manager wurden damals von US-amerikanischen Qualitätsexperten wie Edward W. Deming und später von Joseph M. Juran geschult. Die Japaner kombinierten die gängigen Methoden aus dem Total Quality Management (TQM) mit MbO und begannen ihre ersten Versuche in der strategischen Unternehmensplanung. Der Grundgedanke bei Hoshin Kanri besteht darin, das gesamte Unternehmen an Durchbruchszielen zur signifikanten Performance-Steigerung auszurichten und dabei intensiv die Mitarbeiter miteinzubinden. Im Gegensatz zu MbO werden bei Hoshin Kanri die Ziele nicht einfach top-down kaskadiert. Vielmehr werden Mitarbeiter dazu angeregt, eigene Lösungsansätze für die übergeordneten Ziele zu finden, wodurch diese nicht einfach von oben aufoktroyiert, sondern beeinflussbar werden. Man spricht hierbei von einer Zieltransformation.

Der Fokus liegt bei diesem Vorgehen nicht nur auf einer vertikalen Abstimmung der Ziele, sondern insbesondere auf einer cross-funktionalen, also horizontalen Abstimmung zwischen Bereichen und Abteilungen. Der Ansatz ist eine

ENTWICKLUNG DER BEKANNTESTEN MANAGEMENTSYSTEME

Peter Drucker (MbO)
- Führen durch Zielvereinbarung
- Umsetzung der strategischen Unternehmensziele
- Top-down
- Unternehmensziele setzen sich aus der Summe der Einzelziele zusammen (Kaskadierung)
- Tägliches Arbeiten an den Zielen
- Jeder Mitarbeiter kennt seine Ziele

- Zielvereinbarungsformular/-gespräch

Japanische Manager (Hoshin Kanri)
- Ausrichten der Organisation an Durchbruchszielen
- Einbindung von Mitarbeitern
- Zieltransformation
- Top-down und bottom-up
- Cross-funktionale Abstimmung
- Fokus auf unterjährige Umsetzung
- Messbarkeit

- PDCA-Zyklus, X-Matrix, Catchball

Andy Grove (OKR)
- MbO + SMART
- Strukturierter Zielvereinbarungsprozess
- Simple Ausrichtung an „Was" und „Wie"
- Ausrichtung des gesamten Unternehmens an den Unternehmenszielen
- Quartalsweises Festlegung von Zielen
- Transparenz

- OKR-Liste, Wochen- und Quartals-Reviews

Robert Kaplan/Norton (BSC)
- Ausgewogene Unternehmenssteuerung
- Monetäre und nicht-monetäre Ziele
- Ergebnis- und erfolgsorientierte Ziele
- Strategische Ziele in Aktionen übersetzen
- „Twenty is plenty"

- Scorecard, „Strategy Map"

Abb. 2: Die Kernelemente der bekanntesten Managementsysteme

Mischung aus top-down und bottom-up und wird durch den sogenannten Catchball-Prozess begleitet. Dabei geht es nicht nur darum, dem Unternehmen eine Richtung zu geben (Hoshin), sondern den Schwerpunkt auf die unterjährige Umsetzung (Kanri) zu legen. Denn die mittels der sogenannten X-Matrix festgelegten Ziele mit ihren dazugehörigen Verbesserungsprioritäten und Erfolgsindikatoren werden kontinuierlich auf Erreichung überprüft. Basis ist der PDCA-Zyklus (PDCA = plan, do, check, act), um einen Regelkreis für Strategieplanung und -umsetzung zu implementieren. Hoshin Kanri findet inzwischen auch unter dem Namen Policy Deployment in den USA und Europa zunehmende Verbreitung. Diese Methode ist heute Kernbestandteil des Managementsystems von schlanker Produktion bzw. Lean Management und wird zum Beispiel von Unternehmen wie Toyota oder Danaher seit über 50 Jahren praktiziert.

1.1.3 Objectives und Key Results

Die OKR-Methode geht zurück auf die 1970er Jahre, als Andy Grove, ehemaliger CEO von Intel, auf Basis des MbO-Ansatzes ein Konzept zur Umsetzung der Strategie »Wir wollen der weltweite Marktführer werden« entwickelte. Die Grundidee war es, MbO zu modernisieren und mit der SMART-Methode (SMART = spezifisch, messbar, attraktiv, realistisch, terminiert; eine gängige Methode im Projektmanagement) zu verheiraten, genauer: ein messbares Zielsystem zu entwickeln. Dadurch sollte ein strukturierter Zielvereinbarungsprozess implementiert werden, sodass alle Aktivitäten an den Unternehmenszielen ausgerichtet sind. Wesentliche Erfolgsfaktoren lagen für ihn in der Einfachheit, der Flexibilität und der Einbindung der Mitarbeiter. So definierte er zwei simple Fragen, die es von jedem im Unternehmen zu beantworten galt: »Wo will ich hin?« (Objectives) und »Wie messe ich, ob ich mein Ziel erreicht habe?« (Key Results). Ein wesentlicher Leitgedanke dabei war das Schaffen von unternehmensweiter Transparenz, indem durch die sogenannte OKR-Liste jeder im Unternehmen einen Einblick in alle OKR hatte. Die OKR werden lediglich für das nächste Quartal festgelegt und geplant, anschließend im Rahmen von wöchentlichen Reviews auf Fortschritt überprüft und am Ende des Quartals wieder neu definiert. Ursprünglich war OKR ein Ansatz speziell für Start-up-Unternehmen, mittlerweile beschäftigen sich jedoch zahlreiche Unternehmen unterschiedlicher Größenordnungen weltweit mit der OKR-Methode.

1.1.4 Balanced Scorecard

Die Balanced Scorecard (BSC) wurde Anfang der 1990er-Jahre von Robert S. Kaplan und David P. Norton an der Harvard-Universität entwickelt. Sie hatten festgestellt, dass Unternehmen in der Regel anhand von finanziellen kurzfristigen Zielen wie Ergebnis, Umsatz und Kosten gesteuert werden. Finanzielle Ziele sind jedoch das Ergebnis vergangener Aktivitäten und können zunächst nicht mehr beeinflusst werden.

Unternehmerische Potenziale sowie langfristige Lebens- und Wettbewerbsfähigkeit wurden aus Sicht von Kaplan und Norton dagegen zu wenig berücksichtigt. Deswegen empfahlen sie für eine ausgewogene bzw. ausbalancierte Unternehmenssteuerung auch die Treiber bzw. Vorlaufindikatoren des zukünftigen Erfolgs zu erfassen. Sie ergänzten die vorherrschende finanzielle Perspektive um drei weitere nichtmonetäre Aspekte: Kunden, Prozesse und Mitarbeiter. Ebenso wie der finanzielle Erfolg sollten diese Elemente über messbare Ziele gesteuert und der aktuelle Stand regelmäßig auf einer Anzeigentafel (Scorecard) angezeigt werden. Eine sogenannte »Strategy Map« sollte die Vielfalt der Ziele und deren Zusammenhänge transparent darstellen.

Im Gegensatz zu Unternehmensleitbildern versucht die BSC damit, die Erreichung von strategischen Zielen messbar und über die Ableitung von Maßnahmen umsetzbar zu machen: »Translating strategy into action« war der Slogan von Kaplan und Norton.

Ende der 1990er Jahre konnte ein regelrechter Hype von BSC verzeichnet werden. Unternehmen weltweit führten die BSC-Methode ein und versuchten, das gesamte Unternehmen mittels Scorecards auszurichten. Dass diese Versuche häufig scheiterten, lag vor allem an dem hohen administrativen Aufwand, den die Zielverfolgung und das Reporting erforderten.

Schaut man sich die Elemente der hier aufgezeigten Managementsysteme an, kommt man schnell auf einen gemeinsamen Nenner. Kurzgefasst geht es in allen Methoden darum, die Organisation an den Unternehmenszielen auszurichten und sicherzustellen, dass möglichst alle Beteiligte kontinuierlich an der Erreichung dieser Ziele arbeiten – wohlwissend, dass natürlich jedes Managementsystem die eine oder andere Besonderheit mit sich bringt.

1

Tipp

Erst die Kombination von OKR mit Vorteilen anderer Managementsysteme macht die Methode stark. Was Sie wann und wie verwenden, sollten Sie jedoch immer in Abhängigkeit von der Situation, der Struktur und der Kultur Ihres Unternehmens tun. Deswegen werde ich auch in diesem Buch an den entsprechenden Stellen explizit mögliche Verbindungen zu anderen Managementsystemen aufzeigen.

1.2 Agilität – Sollen wir nun alles komplett auf den Kopf stellen?

Sicherlich fragen Sie sich nun, warum OKR gerade in den letzten Jahren an Bedeutung gewonnen hat. Eine Antwort darauf ist sicherlich, dass sich zum einen durch die Verbreitung der agilen Prinzipien und Methoden die OKR-Methode aktuell als die passendste darstellt und zum anderen erfolgreiche Unternehmen wie Google & Co. mit OKR arbeiten.

Unbestritten müssen Unternehmen im heutigen Marktumfeld ihre Strukturen und Prozesse anders als bisher aufsetzen. Erfolgsfaktoren wie Wissen, Flexibilität, Digitalisierung, Reaktionsfähigkeit gelten als die zukünftigen Alleinstellungsmerkmale. Ansätze aus dem Taylorismus im Sinne einer starren Betriebssteuerung haben heute keine Überlebenschance mehr.

Tipp

Lassen Sie sich nicht zu stark durch die agile Bewegung aus der Bahn werfen. Stellen Sie agile Prinzipien immer wieder auf den Prüfstand.

1.3 Die wichtigsten agilen Prinzipien

Zunächst sollte man sich vor Augen führen, was die zentralen Elemente bzw. Prinzipien der agilen Methoden sind:

1. Konsequente Ausrichtung der Projekt- und Alltagsarbeit auf die *Bedürfnisse der Kunden*.
2. Weitgehende *Übertragung der Entscheidungsbefugnisse auf die Mitarbeiter* bzw. (interdisziplinäre) Teams, sodass diese eigenverantwortlich handeln können, und eine entsprechende Führung.
3. *Bereichs- und funktionsübergreifende Zusammenarbeit* zum Beispiel in Scrum- oder Entwicklerteams, in denen alle nötigen Kompetenzen bzw. Kompetenzbereiche vertreten sind, um das übergeordnete Ziel zu erreichen.
4. *Inkrementelle Arbeitsweise*, bei der größere und komplexere Projekte und Vorhaben, geleitet von einer

Vision, nicht vorab in allen Details, sondern schrittweise, in sogenannten Sprints, geplant werden und bei der den Kunden im Prozessverlauf regelmäßig sogenannte Inkremente – also (Teil-)Lösungen – ausgeliefert werden, die diese bereits nutzen und somit auch ein Feedback über sie geben können.

5. Ein iteratives Vorgehen, bei dem in den Gesamtprozess immer wieder *Reflexionsschleifen* eingebaut sind, um aus den gewonnenen Erfahrungen, neuen Informationen usw. Schlüsse für das weitere Vorgehen zu ziehen.

Dies sind die zentralen Säulen einer agilen Arbeitsweise bzw. eines agilen Projektmanagements. Doch sind diese Prinzipien neu?

Zu Punkt 1: Die konsequente Ausrichtung der Projekt- und Alltagsarbeit auf die Bedürfnisse der Kunden ist definitiv nicht neu! Sie wird in allen Managementsystemen propagiert, die in den letzten Jahrzehnten en vogue waren – unabhängig davon, ob diese KVP, TQM, Kaizen, Six Sigma oder Lean Management hießen. Inwieweit dieser Anspruch im Betriebsalltag eingelöst wurde, ist eine andere Frage.

Zu Punkt 2: Ähnlich verhält es sich bezogen auf die geforderte weitgehende Übertragung der relevanten Entscheidungsbefugnisse auf die Mitarbeiter bzw. Teams, sodass diese im Arbeitsalltag selbstbestimmt und eigenverantwortlich handeln können. Auch dies ist ein zentrales Element aller vorgenannten Managementsysteme, ebenso wie die Forderung: Die Führung muss sich ändern; die Führungskräfte müssen sich als Coach bzw. Befähiger und Ermächtiger ihrer Mitarbeiter verstehen. Auch diesbezüglich wurden in vielen Unternehmen schon umfangreiche Initiativen ergriffen. Inwieweit sie Früchte trugen, ist erneut eine andere Frage.

Zu Punkt 3: Und wie sieht es mit der bereichs- und funktionsübergreifenden Zusammen- und Teamarbeit aus, um das übergeordnete Ziel zu erreichen? Dass diesbezüglich noch oft ein großes Manko in den Unternehmen besteht, belegen viele Studien. Zwar wird eine solche Kooperation bei manchen Managementsystemen wie Hoshin Kanri bzw. Policy Deployment gefordert, in den meisten Unternehmen wurden jedoch primär die Zusammen- und Teamarbeit in den einzelnen Bereichen optimiert. Bereichs- und funktionsübergreifend wurden aus den Schnittstellen – anders als oft postuliert – keine Nahtstellen. Sie blieben Schnittstellen, und das Bereichs- bzw. Silodenken wurde selten durchbrochen. Gerade in der bereichsübergreifenden und cross-funktionalen Zusammenarbeit ruhen denn auch noch zahlreiche ungenutzte Potenziale, wenn es um das Steigern der Agilität, also Reaktionsgeschwindigkeit und Effektivität der Unternehmen geht. Diesbezüglich sollten viele Unternehmen neben ihrer Struktur und Kultur auch Auswahlkriterien für Führungskräfte überdenken und sich zum Beispiel fragen: Sind sie die bereichsübergreifenden Team- und Networker, die wir künftig brauchen?

Zu Punkt 4: Und wie sieht es nun bezüglich der inkrementellen Arbeitsweise aus, bei der den Kunden im Prozess- bzw. Projektverlauf regelmäßig sogenannte Inkremente ausgeliefert werden? Sie wäre bei komplexeren Vorhaben durchaus erstrebenswert. Die Frage ist, ob sie in allen Branchen und Unternehmensbereichen realisierbar ist. Bei der Entwicklung und Produktion von Software ist dies sicher der Fall. Ein Softwareunternehmen oder der IT-Bereich eines Unternehmens kann an seine Kunden die Alpha-Version einer Software ausliefern – zumal diese als digitales Produkt leicht distribuierbar ist – und ihnen empfehlen: »Arbeitet schon mal damit und sammelt damit Erfahrung; die Beta-Version der Software wird dann auch die Funktionen a, b und c enthalten.«

Anders ist dies bei der Produktion von Tütensuppen. Ein Tütensuppenhersteller kann zu seinen Kunden nicht sagen: »Ich liefere euch heute schon mal den Suppenextrakt, die Verpackung bekommt ihr in ein paar Wochen.« Und ein Autoproduzent? Er kann zu seinen Kunden nicht sagen: »Ich liefere euch schon mal den Motor zum Ausprobieren. In drei Monaten folgen dann die Kupplung und Bremse und in sechs Monaten die Karosserie.« Ebenso kann er sich Bugs beim Betrieb nicht leisten – zumindest, wenn er teure Rückrufaktionen und Schadensersatzklagen vermeiden möchte.

Insofern muss sowohl bei der Produktion von Tütensuppen als auch von Autos oder allgemein bei der Produktion industriell gefertigter (Massen-)Produkte gefragt werden:

- Inwieweit ist in diesem Fall eine inkrementelle Arbeitsweise überhaupt möglich (und nötig)?
- Was heißt agiles Arbeiten in diesem Kontext oder in welchen Verhaltensweisen zeigt es sich?

Als Schlussfolgerung daraus können wir festhalten: Nur weil sich eine Arbeitsweise bei der Entwicklung und Produktion von Software bewährt hat, lässt sich diese nicht eins zu eins auf alle Branchen und Unternehmensbereiche übertragen.

Zu Punkt 5: Bliebe als letztes Prinzip das iterative, schrittweise Vorgehen, bei dem bei komplexen Projekten und

Vorhaben in den Prozess Reflexionsschleifen eingebaut sind, um aus den bereits gesammelten Erfahrungen und neu gewonnenen Informationen Schlüsse für das weitere Vorgehen zu ziehen? Auch dieses ist sicher nicht neu!

Nehmen wir zum Beispiel den PDCA-Zyklus, der in den 1930er Jahren von Walter Stewart entwickelt wurde. Er gilt als einer der bekanntesten Werkzeuge zur Qualitätsverbesserung. Das Ziel des PDCA-Zyklus ist es, durch das Durchlaufen der vier Phasen (Plan – Do – Check – Act) einen kontinuierlichen Verbesserungsprozesses zu etablieren. Individuen oder Arbeitsteams durchlaufen den Prozess, wenn sie ein Problem oder eine für die Zielerreichung relevante Verbesserungschance erkannt haben und führen Experimente zur Verbesserung durch. Nach der Reflexionsphase wird jeweils ein neuer PDCA-Zyklus gestartet, mit dem Ziel, einen neuen Standard im Unternehmen zu etablieren, der als Basis für weitere Verbesserungen dient.

Das passende Framework wählen

Für die agile Skalierung selbst, also das Einführen der agilen Methoden, werden im Markt verschiedene Frameworks, sprich Konzepte angeboten – zum Beispiel LeSS, Scrum@ Scale und SAFe. Diese liefern jedoch alle keine Blaupause für das gesamte Unternehmen.

Dass in einer gesamten Organisation agile Strukturen geschaffen und agile Arbeitsweisen eingeführt werden, ist bei größeren Unternehmen, die im Gegensatz zu vielen Start-ups keine reinen Entwicklungsorganisationen sind, jedoch auch meist nicht nötig. Unverzichtbar ist es jedoch, dass bereichs- und hierarchieübergreifend ein gemeinsames Grundverständnis dafür geschaffen wird, warum ein agiles Arbeiten sowie eine interdisziplinäre und cross-funktionale Zusammenarbeit für das Entwickeln und Realisieren innovativer, komplexer Problemlösungen in einer von rascher Veränderung geprägten Welt nötig sind. Es gilt also, eine entsprechende Unternehmens- und Führungskultur zu entwickeln. Dies kann nur mit tatkräftiger Unterstützung durch die Unternehmensspitze gelingen.

1.4 Das OKR-Framework

Das OKR-Framework ist in Abbildung 3 überblicksartig dargestellt, wobei die einzelnen Elemente und die damit verbundenen Werkzeuge in den folgenden Kapiteln im Detail erläutert werden. Generell geht es um zwei Prozesse: Den Strategieplanungsprozess und den Strategieumsetzungsprozess.

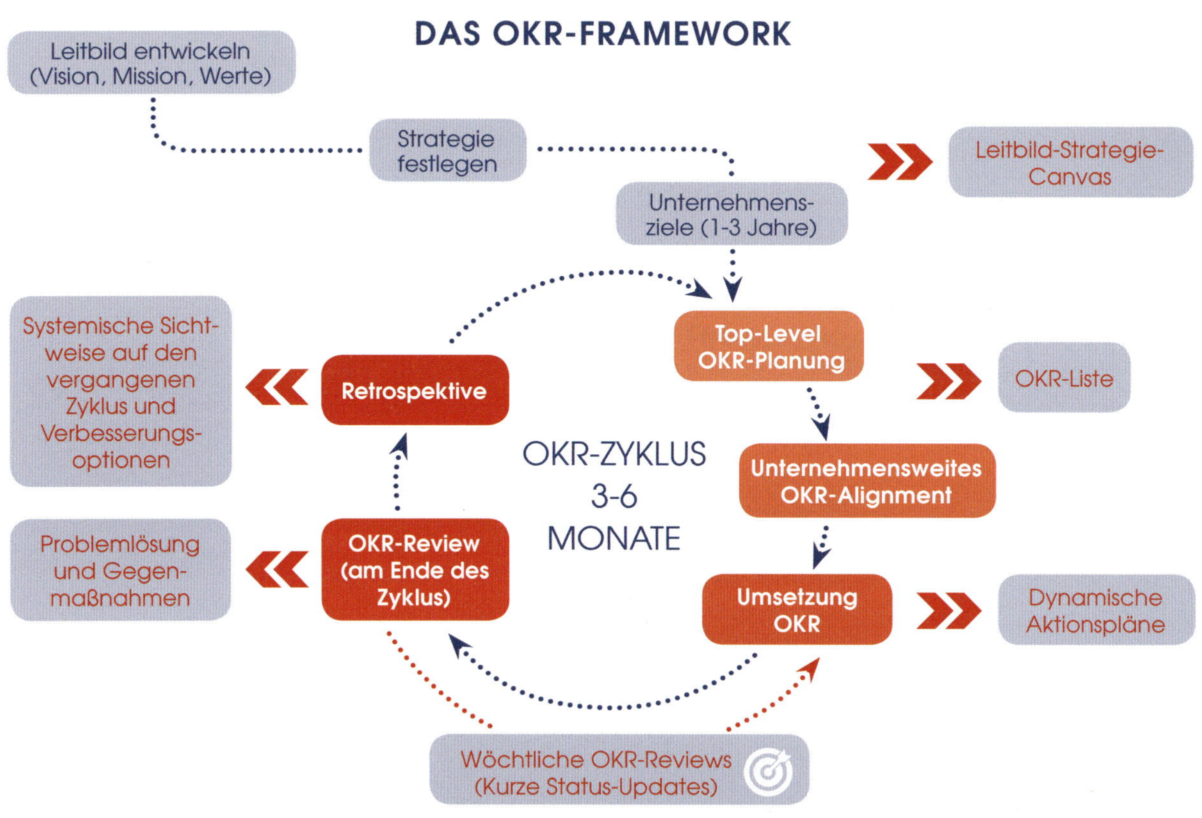

Abb. 3: Das OKR-Framework

Die ersten drei Schritte bilden den Strategieplanungsprozess mit einer mittel- bis längerfristigen Sicht des Unternehmens ab. Hier werden Leitbild (Vision, Mission und Werte), die Unternehmensstrategie sowie strategische Ziele definiert.

Anschließend geht es in die Strategieumsetzung, deren Herz typischerweise ein quartalsweise ablaufender Regelkreis – manchmal aber auch ein bis zu sechs Monate dauernder Prozess – ist. Zunächst werden die Quartalsziele, die sogenannten OKR, auf Top-Level geplant und anschließend innerhalb der Organisation aufeinander abgestimmt (OKR-Alignment). Anschließend werden die Ziele umgesetzt und deren Zielerreichung innerhalb der Quartale regelmäßig überprüft. Am Quartalsende erfolgt eine Gesamtbeurteilung und ggf. Neudefinition der nächsten Quartalsziele. Zusätzlich werden am Ende des Quartals die Qualität des OKR-Prozesses des letzten Quartals reflektiert und Verbesserungsmaßnahmen eingeleitet. Anschließend startet der nächste Quartalszyklus.

Der OKR-Prozess setzt idealerweise auf dem Leitbild des Unternehmens und der damit zusammenhängenden strategischen Ausrichtung auf.

KAPITEL 2

STRATEGISCHE AUSRICHTUNG – EIN BEISPIEL AUS DER PRAXIS

2 Strategische Ausrichtung – ein Beispiel aus der Praxis

Eine Frage, die im Rahmen von OKR immer wieder diskutiert wird, ist: Brauchen wir überhaupt eine längerfristige Ausrichtung und wenn ja, auf wie lange soll sie ausgelegt sein? Grundsätzlich verfolgt ja die OKR-Methode den Grundsatz, die Ziele lediglich bis auf das nächste Quartal auszulegen.

Ich kenne einige Unternehmen, die strikt diesem Grundsatz gefolgt sind. Nach einiger Zeit mussten die meisten von ihnen jedoch feststellen, dass sie mit der reinen kurzfristigen Sicht nicht zurechtkamen. Sie stellten fest, dass ihnen eine längerfristige Ausrichtung zur grundsätzlichen Steuerung fehlte. Google beispielsweise verwendete anfangs ebenfalls quartalsweise OKR und stellte dann auf einen jährlichen Prozess um.

Häufig bezeichnen Unternehmen dieses Vorgehen auch als Blindflug. Oder bildlich dargestellt: Stellen Sie sich vor, Sie gehen nachts mit einer Taschenlampe durch den Wald. Sie sehen immer nur soweit, wie der Lichtkegel das direkte Umfeld ausleuchtet – weiter erst einmal nicht.

Nun drängt sich natürlich die Frage auf, wie intensiv man in den Strategieplanungsprozess einsteigen sollte und welche Elemente im Rahmen von OKR durch das Unternehmen ausgearbeitet werden sollten, zumal es zum Thema Strategieplanung/-entwicklung unzählige Theorien, Methoden und Werkzeuge gibt. Die Praxis zeigt, dass Unternehmen die tatsächlich sehr unterschiedlichen Methoden und Terminologien im Rahmen ihrer Strategiearbeit verwenden. Folglich kursieren sehr verschiedene Versionen und Dateien im Unternehmen zur strategischen Ausrichtung. Hinzu kommt häufig eine mangelnde inhaltliche Qualität der Ausarbeitung. Das merken Sie daran, dass strategische Aussagen einer Organisation eins zu eins auf andere völlig branchenfremde Unternehmen übertragen werden.

2.1 Leitbild-Strategie-Canvas: Alles auf einen Blick

Begriffe wie Leitbild, Vision, Mission, Werte, Strategie sind schon seit Langem in Wissenschaft und Unternehmenspraxis allgegenwärtig. Umso erstaunlicher ist es, wie schwer Unternehmen häufig die Arbeit an der Unternehmensstrategie fällt.

Eine Ursache dafür könnte die unterschiedliche Auslegung der Begrifflichkeiten sein, die nicht selten zu Verwirrung führt. Während zum Beispiel in vielen Unternehmen eine Vision das langfristige Ziel der Zukunft ist, ist genau dies für andere Unternehmen eine Mission.

Nicht selten suchen Unternehmen bei externen Agentur- oder Beratungshäusern die Qualität in der Strategieerarbeitung, die sie vermeintlich selbst nicht leisten können. Ergebnis sind umfangreiche, im Detail ausgearbeitete Konzepte, die fern von jeglicher Umsetzungspraktikabilität sind. Durch teuer erstellte Hochglanzbroschüren erhofft man sich dann eine Verankerung dieser Strategie innerhalb der Organisation. Leider schaut die Realität häufig anders aus.

Meine Standardfragen in vielen Workshops sind: »Wie lautet Ihre Unternehmensvision?« oder »Wie lauten die Unternehmenswerte?«. Die Antworten sind durch die Bank ernüchternd. Kaum ein Team hat die Antworten bereit und wenn doch, dann in sehr unterschiedlichen Ausführungen.

Um Unternehmen die Strategiearbeit zu erleichtern, habe ich das Leitbild-Strategie-Canvas (LSC) entwickelt. Es bildet die wesentlichen Aspekte der zu erarbeitenden strategischen Ausrichtung eines Unternehmens (siehe Abb. 4) auf einer Seite im Sinne eines »One pagers« ab und enthält klare sowie eindeutige Definitionen.

Tipp

Wenn Sie einen Test zur Kenntnis der strategischen Elemente machen wollen: Stellen Sie die Elemente des LSC vor und lassen Sie Ihre Workshop-Teilnehmer das Template ausfüllen.

2.2 Vision: Wo wollen wir hin

Starten wir bei der Vision. Was ist eine Vision? Die Vision ist das Zukunftsbild eines Unternehmens. Sie soll einen positiven Sog auf die Menschen im Unternehmen ausüben und die Belegschaft inspirieren, an der Vision mitzuarbeiten. Dabei sollten nicht die Ziele und Absichten von Unternehmenslenkern im Vordergrund stehen, wie zum Beispiel »Wir wollen Marktführer werden«, sondern die Vision sollte darauf abzielen, welchen Nutzen das Unternehmen im Umfeld und in der Gesellschaft stiften möchte. Bildlich erfüllt die

LEITBILD-STRATEGIE-CANVAS

VISION

Wo wollen wir langfristig hin?

Eigenschaften:

- Richtung für die Zukunft
- Positiver Sog
- Emotional
- Bildlich
- Einfach
- > 5 Jahre

MISSION

Wer sind wir und was ist unser Auftrag?

Eigenschaften:

- Antwort auf das „Warum"
- Nutzenstiftend
- Motto
- Credo
- Leitmotiv
- Knackig

WERTE

An was glauben wir?

Eigenschaften:

- Glaubenssätze
- Charaktereigenschaften der Organisation
- Handlungsorientiert
- Haltungsaspekte
- Inspirierend
- Verständlich

STRATEGIE

Wie kommen wir dorthin?
Was ist unser strategischer Wettbewerbsvorteil / Alleinstellungsmerkmal?

Eigenschaften:

- Bewertbarer Wettbewerbsvorteil
- Kundennutzen
- Inhaltliche Stoßrichtungen
- Max. 4 Sätze
- Mittelfristig: 1–3 Jahre

UNTERNEHMENSZIELE

Wo wollen wir messbar in den nächsten 1-3 Jahren sein?

Eigenschaften:

- SMART
- Von ambitioniert bis Durchbruchscharakter
- Maximal 3
- Finanziell und nicht-finanziell
- Cross-funktionale Einbindung

Abb. 4: Leitbild-Strategie-Canvas

Unternehmensvision durch die Vorgabe einer bestimmten Richtung eine »Nordsternfunktion« für das Unternehmen.

Die nächste Frage lautet: Auf welchen Zeithorizont sollte eine Vision ausgelegt sein? Auch hier erfahren wir in der Praxis unterschiedliche Ansätze. Das Beispiel eines Herstellers von Montagesystemen für Solaranlagen (siehe Abb. 5) hat für sich eine Vision definiert, die unendlich ist. Das Unternehmen weiß, dass es seine Vision wohl nie erreichen wird, aber die Vorstellung, dass »jede Solaranlage dieser Welt die eigenen Montagesysteme nutzt«, soll als die grundlegende Antriebsfeder für eine kontinuierliche Verbesserung gelten. Wenn die Vision für die Mitarbeiter greifbarer und erreichbar sein soll, bevorzugen viele Unternehmen auch einen begrenzten Zeitraum wie zum Beispiel für die nächsten 10 bis 20 Jahre.

Tipp

Schauen Sie auf den Reifegrad Ihrer Organisation. Unsere Selbstbewertung zum Reifegrad Strategieumsetzung[2] oder zum Lean-Reifegrad[3] kann Ihnen hier Aufschluss geben.

Auch die Praxis vieler meiner Vision-Workshops hat gezeigt, dass es eine der schwierigsten Aufgaben ist, eine wirklich gute Vision zu entwickeln. Hier tun sich viele Unternehmen schwer. Der Grund liegt vor allem darin, dass es Beteiligten oft nicht leichtfällt, aus dem Stand »out of the Box« zu denken: heute verhaftet im Tagesgeschäft, morgen Teilnahme am Vision-Workshop. Das Führungsteam trifft sich, führt ein Brainstorming durch, clustert die Ideen und aus dem gemeinsamen Nenner wird die Vision definiert. Unweigerlich kommt als Ergebnis etwas raus, was sich nicht grundsätzlich vom bisherigen Handeln unterscheidet. Das Managementteam geht auseinander und man arbeitet weiter wie bisher.

2 Start zur Bewertung des Reifegrads der Strategieumsetzung: https://www.onlineumfragen.com/login.cfm?umfrage=92073

3 Start zur Online-Befragung zum Lean-Reifegrad: https://www.onlineumfragen.com/login.cfm?umfrage=84871

LEITBILD-STRATEGIE-CANVAS

VISION

Jede Solaranlage auf dieser Welt nutzt unsere Montagesysteme.

MISSION

Wir tragen mit unseren Montagesystemen für Solaranlagen dazu bei, die Energienutzung vieler Menschen auf dem Planeten zu verbessern.

WERTE

- Wir nehmen Herausforderungen an.
- Der Kunde steht im Mittelpunkt.
- Wir verbessern uns kontinuierlich.

STRATEGIE

- Positionierung als Technologieführer mit innovativen Montagesystemen
- Differenzierung durch leistungsstarke Logistik, zeitsparende Montage, einzigartige Liefertreue und 24/7 Erreichbarkeit
- Ausbau der Marktposition in D-A-CH, Europa und Nordamerika
- Expansion in Asien und Südamerika

UNTERNEHMENSZIELE

Innerhalb der nächsten 3 Jahre:

- Umsatzsteigerung von 150 Mio € auf 300 Mio €
- Erhöhung EBIT von 6% auf 10%
- Ausbau des Kundennutzens von 0,87 auf 1,2

Abb. 5: Beispiel eines Leitbild-Strategie-Canvas

Innovationen und geniale Ideen kommen eben nicht mal eben zwischendurch. Um diese zu entwickeln bzw. zu generieren, braucht es Qualifikationen oder zumindest hilfreiche Tools.

Tipp

Verschwenden Sie keine Zeit und Mühe in klassische Vision-Workshops. Verwenden Sie Methoden wie zum Beispiel Lego Serious Play und versetzen Sie Ihre Führungsmannschaft in die Lage, sich ihre zukünftige Welt selbst zu bauen.

2.3 Mission: Was ist unser Auftrag

Die Mission beschreibt den Auftrag eines Unternehmens und den Unternehmenszweck. In der Praxis verhält es sich häufig ähnlich wie bei der Vision und es zeigt sich, dass die Mission eher leistungs- und produktorientiert definiert wird.

Simon Sinek[4] stellt mit dem sogenannten Goldenen Kreis (Golden Circle) dar, wie Unternehmen häufig ihre Mission definieren (siehe Abb. 6). Sie starten beim äußeren Kreis, indem sie die Frage nach dem »Was?« beantworten. Zum Beispiel: »Wir stellen Montagesysteme für Solaranlagen her.« Anschließend stellen sie die Frage nach dem »Wie?« und beantworten diese beispielweise mit: »Wir sind besser und schneller als der Wettbewerb.« Die Frage nach dem Kern des Unternehmens, also dem »Warum?«, kommt dabei vielfach zu kurz. Eine häufige Antwort darauf ist, dass Sinn und Zweck des Unternehmens darin liegen, einen finanziellen Erfolg zu erreichen.

Sinek jedoch behauptet, dass alle inspirierenden Führungspersönlichkeiten und nachhaltig erfolgreichen Organisationen anders an die Findung ihrer Mission herangehen und dass sie in ähnlicher Weise denken, handeln und kommunizieren – das trifft für Unternehmen wie Google oder Apple ebenso zu wie für charismatische Persönlichkeiten wie Martin Luther King oder die Brüder Wright. Sie alle stellen bzw. stellten nicht das Ergebnis, sondern den Zweck in den Mittelpunkt. Geld zu verdienen, ist das Ergebnis, aber nicht der Zweck eines Unternehmens. Vielmehr sollte der eigentliche Kern beschrieben werden und warum sich Mitarbeiter, Lieferanten und Kunden für das Unternehmen interessieren sollten. In unserem Beispiel heißt das: »Wir tragen mit unseren Montagesystemen für Solaranlagen

4 Der Vortrag von Simon Sinek »Wie große Führungspersönlichkeiten zum Handeln inspirieren« dazu ist bei Youtube abrufbar unter: https://www.youtube.com/watch?v=qp0HIF3SfI4 (letzter Zugriff: 22.11.2019)

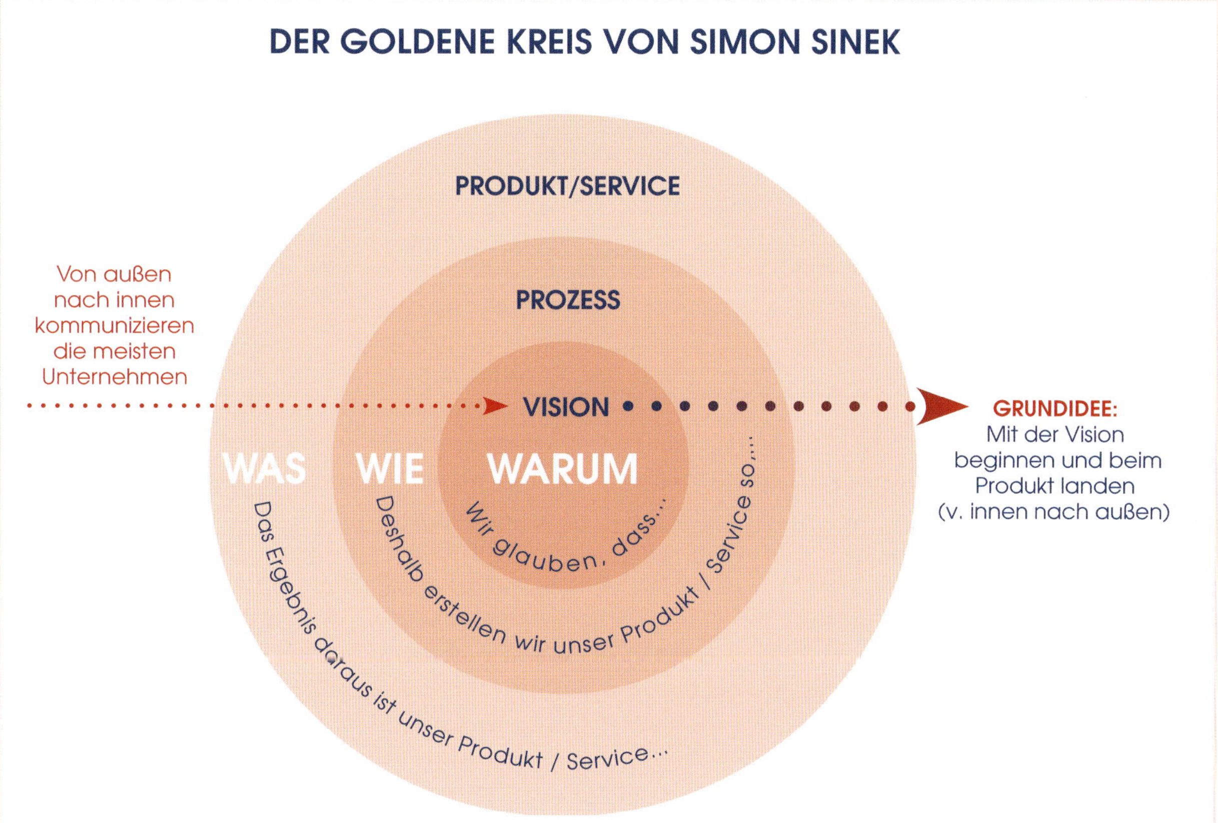

Abb. 6: Der Goldene Kreis von Simon Sinek

dazu bei, die Energienutzung vieler Menschen auf dem Planeten zu verbessern.«

2.4 Werte: An was glauben wir

Schauen wir uns das Thema Werte an. Hier sind wir ganz nah beim Begriff der Unternehmenskultur. Edgar Schein definiert Unternehmenskultur als *»gemeinsame Glaubenssätze, Werte und Annahmen von Menschen, die auf ein gemeinsames Ziel hinarbeiten.«*

Dabei stehen viele Unternehmen vor der Herausforderung, in einem ersten Schritt die Unternehmenswerte zu definieren und diese im zweiten Schritt in das tägliche Arbeiten, quasi in die »Arbeits-DNA« eines jeden im Unternehmen Tätigen, zu integrieren.

Dabei geht es nicht darum, individuelle Glaubenssätze und Werte zu verändern, sondern darum, eine möglichst große Schnittmenge des unternehmensbezogenen Werteverständnisses in der Gruppe zu erreichen (siehe Abb. 7).

In der Praxis gelingt das Verankern der Werte leider nur sehr selten. Was bleibt, sind tolle Hochglanzbroschüren oder Visualisierungen in Form von Wertewürfeln oder sonstigen Gimmicks, von denen lediglich Berater und Agenturen profitieren.

Werte-Verhaltensprofil definieren

Wenn Sie der Meinung sind, dass in Ihrem Unternehmen beim Thema Wertedefinition Bedarf besteht, das heißt, dass das tatsächliche Vorgehen bzw. das Umsetzen der Werte in der Organisation intensiviert werden muss, kann die Operationalisierung mit den sogenannten »Werte-Verhaltensprofilen« eine hilfreiche Methode sein. Unternehmen wie Toyota und Danaher praktizieren das seit vielen Jahren.

- **Schritt 1:** Übersetzen Sie die Werte in konkrete und messbare Verhaltensprofile. Die Idee dahinter ist, dass Werten ein ganz bestimmtes Verhalten zugeordnet wird und dieses Verhalten dann ähnlich wie mit einem Kompetenzprofil operationalisiert wird.
  Im Beispiel unseres Herstellers von Montagesystemen lautet ein ausformulierter Wert: »Wir streben nach dem Erreichen ambitionierter Ziele, indem wir sie setzen, annehmen und als Herausforderung verstehen.«

  Um das Verhalten bewertbar zu machen, wird, wie in Abbildung 8 ersichtlich, zunächst das sichtbare Verhalten von Führungskräften in seiner idealen Form als

SCHWACHE UND STARKE UNTERNEHMENSKULTUR

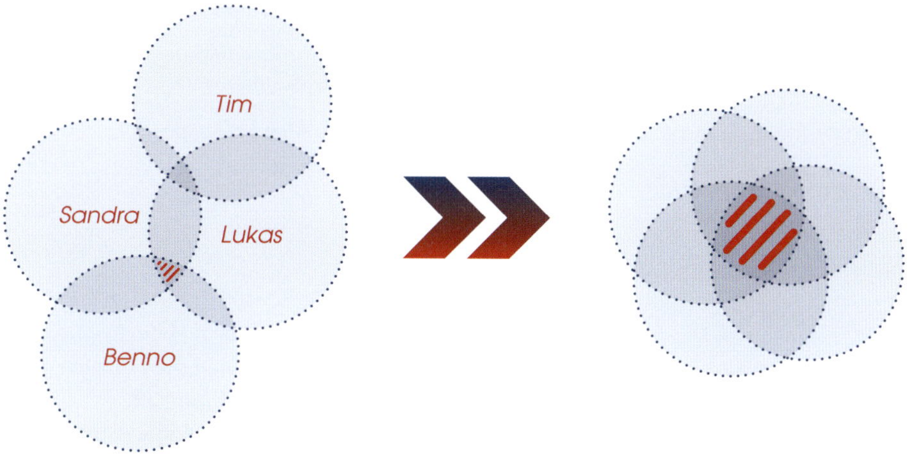

Schwache Unternehmenskultur:
Kaum etwas verbindet die Einzelpersonen

Starke Unternehmenskultur:
Starke Verbindung trotz persönlicher Unterschiede

Abb. 7: Schwache und starke Unternehmenskultur

Unternehmenswert: »Wir streben nach dem Erreichen ambitionierter Ziele, indem wir sie setzen, annehmen und als Herausforderung verstehen.«				
Starker Entwicklungsbedarf	**Entwicklungsbedarf**	**Kompetent**	**Hoch kompetent**	**Verhaltensleitbild**
Versäumt es, messbare Ziele zu setzen und wesentliche Prioritäten zu definieren.	Setzt Ziele innerhalb des Teams, die nicht immer klar messbar sind, und hat eine zu hohe Anzahl an Prioritäten definiert.	Setzt messbare Ziele innerhalb des Teams und definiert wesentliche Prioritäten zur Erreichung der Ziele.	Setzt messbare und ambitionierte Ziele (außerhalb der Komfortzone) im Team und nimmt Herausforderungen mit Engagement an.	Setzt stets messbare und sehr hoch gesteckte Ziele (Stretch-Ziele) im Team und nimmt sich selbst Durchbruchszielen mit hohem Engagement an.

Abb. 8: Werte-Verhaltensprofile

Verhaltensleitbild festgelegt. In Angrenzung dazu werden unterschiedliche Verhaltensausprägungen entsprechend den Kategorien von starker Entwicklungsbedarf bis hoch kompetent formuliert.

- **Schritt 2:** Anschließend wird ein Prozess festgelegt, bei dem Führungskräfte hinsichtlich der Umsetzung der Werte beurteilt werden. Dies sollte sowohl im Rahmen einer Selbst- als auch Fremdbeurteilung erfolgen, wobei die Fremdbeurteilung die direkte Führungskraft vornimmt.
- **Schritt 3:** Auf Basis der Beurteilung werden persönliche Entwicklungsmaßnahmen festgelegt und auf regelmäßigen Fortschritt überprüft.

Wenn Sie es auf diese Weise schaffen, einen Prozess zu etablieren, wird die Umsetzung der Unternehmenswerte zum Selbstläufer.

In den letzten drei Punkten ging es um die Elemente Vision, Mission und Werte. Einige Unternehmen fassen diese oder auch nur Teilelemente daraus unter dem Begriff *Leitbild* zusammen.

2.5 Strategie: Unsere mittelfristigen Stoßrichtungen

Die Umsetzung einer Strategie in die Praxis kann immer nur so gut sein wie die Strategie selbst. Wenn diese nicht sinnvoll, stimmig oder geeignet ist, trifft dies auch für alles Weitere im Prozess zu, das sich an der Strategie orientiert. Salopp könnte man sagen: garbage in – garbage out. Deswegen ist es unabdingbar, dass Sie die strategische Ausrichtung prüfen und ggf. neu erarbeiten oder revidieren.

Erfahrungsgemäß sollten Sie das in einem zweitägigen Workshop mit dem Managementteam schaffen. In meinen Strategie-Workshops orientiere ich mich generell sehr stark an der Methode des Business Model Canvas. Hier gibt es eine sinnvolle Umfeldanalyse sowie eine sinnvolle Stärken-Schwächen-Analyse. Alle hierauf aufbauenden Fragestellungen zielen immer darauf ab, neue Ideen für das Unternehmen zu generieren und zu versuchen, Alleinstellungsmerkmale herauszuarbeiten.

Das ist aus meiner Sicht der richtige Weg hin zu einer guten, tragfähigen Strategie. Die meisten Strategien, die ich in Unternehmen vorgestellt bekomme, sind nicht wirklich Strategien. Es handelt sich dabei sehr häufig eher um Allgemeinaussagen.

Die Strategie muss zu einem bewertbaren Wettbewerbsvorteil führen, den das Unternehmen dauerhaft verteidigen kann. Und genau dies gilt es auszuarbeiten.

Ein hilfreiches Instrument, um den Wettbewerbsvorteil bewertbar zu machen, ist das Potenzialprofil zur Identifizierung des Kundennutzens (siehe Abb. 9). Der Vorteil liegt darin, dass der erbrachte Kundennutzen im Vergleich zum Wettbewerb quantifiziert und Maßnahmen für die gezielte Verbesserung des Kundennutzens definiert werden.

- **Schritt 1**: Definieren Sie die wesentlichen Kriterien, die Ihre Kunden mithilfe Ihrer Leistungen gelöst haben wollen. Hygienefaktoren, die grundlegend und selbstverständlich sind, wie zum Beispiel Sicherheit oder bestimmte Funktionsanforderungen an den Betrieb eines Produktes, spielen eine untergeordnete Rolle. Vielmehr sind die Differenzierungsmerkmale entscheidend.
- **Schritt 2:** Gewichten Sie die Bedeutung aus Sicht der Kunden. Idealerweise basiert das auf der bekannten Meinung Ihrer Kunden. Alternativ müssen Sie die Bedeutung nach interner Kenntnis beurteilen.

2

Strategisches Potenzialprofil zur Identifizierung des Kundennutzens								
Kriterien Was der Kunde von uns als Problem gelöst haben will	Gewicht Bedeutung für den Kunden (prozentual)	Beurteilung ggü. dem Wettbewerb *Top 3 Wettbewerber von #Fast and Furious GmbH*					Gesamt-nutzen (Gewicht x Beurteilung)	Maßnahmen zur Erreichg des ZIEL-Faktors
		deutlich besser **5**	etwas besser **4**	gleich gut **3**	etwas schlechter **2**	deutlich schlechter **1**		
Image (lange Präsenz)	5		x				20	
Produktangebot	10		x				40	
Kundenspezifische Integration	10			x			30	
Technologie	10		x				40	
Anwenderfreundlichkeit	15				x		30	
Liefertreue	20				x		40	
Wirtschaftlicher Nutzen für Kunde	20				x		40	
Produktqualität	10				x		20	
	100			**300**			**260**	
				Vergleichsmaßstab ist der Wettbewerb			**unser Kundennutzen**	
					Ist-Faktor		**0,87**	13 % schlechter als Wettbewerber
					Ziel-Faktor		**1,2**	20 % besser als Wettbewerber

Abb. 9: Strategisches Potenzialprofil zur Identifizierung des Kundennutzens

- **Schritt 3:** Beurteilen Sie Ihre Position im Vergleich zu Ihren Top-3-Wettbewerbern auf einer Skala von 5 (= deutlich besser) bis 1 (= deutlich schlechter). Sind Sie gleich gut wie Ihr Wettbewerber, bedeutet das eine 3. Hinsichtlich der Beurteilung gilt das Gleiche wie in Schritt 2.
- **Schritt 4:** Multiplizieren Sie nun die Gewichtung mit Ihrer Bewertung. Dadurch erhalten Sie Ihren aktuellen Gesamtnutzen. Da der Wettbewerb immer die Beurteilung von 3 (gleich gut) erhält, ergibt sich multipliziert mit der Gewichtung immer ein Referenzwert von 300.
- **Schritt 5:** Nun können Sie Ihren Gesamtnutzen in Relation zum Wettbewerber setzen und berechnen, um wie viel Sie besser oder schlechter als der Wettbewerber sind.
- **Schritt 6:** Setzen Sie sich einen strategischen Zielwert für den Kundennutzen und leiten Sie entsprechende Maßnahmen ab.

Ein weiteres hilfreiches Instrument ist die sogenannte Strategy Box, die abgeleitet ist von der Idee des morphologischen Kastens. Sie ist deshalb sehr hilfreich, weil sie einen gesamthaften Überblick über das aktuelle Geschäftsmodell gibt und zum anderen Überlegungen hinsichtlich zukünftiger und strategisch neuer Geschäftsmöglichkeiten forciert. Empfehlenswert ist es, die Strategy Box gemeinsam im Managementteam und interaktiv mit Post-its an einer Metaplanwand zu erarbeiten.

Vorgehensweise bei einer Strategy Box

1. Legen Sie wesentliche Kategorien fest, mit denen sich Ihr Geschäft bzw. Ihr Geschäftsmodell beschreiben lässt wie zum Beispiel »Produktgruppen, Kundengruppen, Regionen, Technologien, Vertriebskanäle« (siehe Abb. 10).
2. Arbeiten Sie diese Kategorien aus und stellen Sie entsprechende Fragen dazu, etwa: »Welche Kundengruppen bedienen wir heute?«, »Mit welchen Produktgruppen?«
   Kundengruppen in unserem Beispiel des Herstellers von Montagesystemen für Solaranlagen wären EPC, Großhandel, OEMs etc. Produktgruppen wären beispielsweise Systeme für Aufdach, Flachdach, Inndach oder Freiland
3. Legen Sie anschließend in diesen Kategorien neue Themen fest, die es heute noch nicht gibt und die strategisch relevant sein können, wie zum Beispiel: »Welche Kundengruppen wollen wir zukünftig bedienen?«
   Dabei können Sie auch den heutigen Umsatz den Unterkategorien zuordnen.

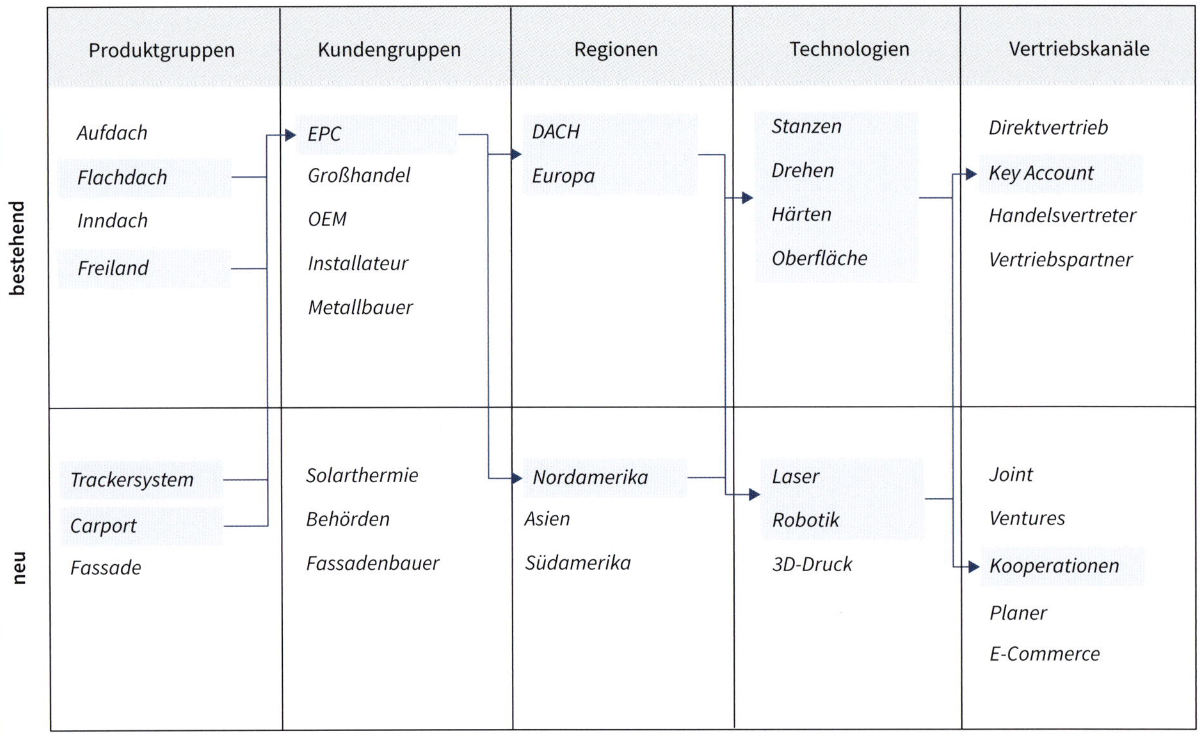

Abb. 10: Beispiel für eine Strategy Box

4. Bilden Sie strategische Pfade, zum Beispiel: »Welche Kundengruppen wollen wir in Zukunft mit welchen Produktgruppen in welchen Regionen bedienen und über welche Verkaufskanäle?«
   Im Beispielfall möchte unser Hersteller mit neuen Produkten des Trackersystems und mit Systemen für Carports die Kundengruppe EPC bedienen. Zukünftig soll der Markt in Nordamerika aufgebaut werden. Neue Technologien wie Laser und Robotik spielen dabei eine zentrale Rolle, und als zukünftiger Vertriebskanal sollen Planer aufgebaut werden.
5. Beplanen Sie zukünftige Umsätze.
6. Formulieren Sie die strategischen Stoßrichtungen aus.
   In unserem Beispiel wurden die strategischen Stoßrichtungen zusammengefasst formuliert als (siehe auch Abb. 5):
   - Positionierung als Technologieführer mit innovativen Montagesystemen
     Differenzierung durch leistungsstarke Logistik, zeitsparende Montage, einzigartige Liefertreue und 24/7-Erreichbarkeit
   - Ausbau der Marktposition in D-A-CH, Europa und Nordamerika
   - Expansion in Asien und Südamerika

Checkliste für eine gute Strategie

Eine gute Strategie erkennen Sie an folgenden Merkmalen:

- ☐ Die Strategie enthält Aussagen zu Alleinstellungsmerkmalen.
- ☐ Die Alleinstellungsmerkmale sind quantifiziert.
- ☐ Es sind maximal 4 Stoßrichtungen definiert.
- ☐ Die Stoßrichtungen heben sich signifikant vom heutigen Geschäftsmodell ab.
- ☐ Die Strategie bezieht sich auf die nächsten 3 bis 5 Jahre.

2.6 Fokus durch Durchbruchsziele: Wo wir in drei Jahren sein wollen

Die strategischen Stoßrichtungen werden nun in mittelfristige Ziele übersetzt und operationalisiert, sodass sie den SMART-Kriterien (vgl. Abschn. 1.1.3 und Glossar) entsprechen. Manche Unternehmen, die OKR einführten, verzichteten komplett auf die mittelfristige Sicht und richteten alle Ziele kurzfristig auf das nächste Quartal aus. Auch Google ging ursprünglich so vor. John Doerr beschreibt, dass Google mittlerweile jährliche OKR basierend auf der Unternehmensstrategie definiert. Google nennt die jährlichen OKR auch Corporate Objectives (Unternehmensziele), welche gleichzusetzen sind mit den Zielen auf oberster Unternehmensebene.

Im Zusammenhang mit OKR wird Ihnen sicher auch der Begriff »Moals« begegnen, eine Wortkombination aus »mid-term« und »goals«. Diese mittelfristigen Ziele werden auf einen Zeithorizont von ein bis drei Jahren festgelegt, wobei dies stark vom Unternehmensumfeld und der Branche abhängig ist. Im heutigen Umfeld empfehle ich im Allgemeinen, Unternehmensziele für die nächsten drei Jahre und davon abgeleitet für das nächste Jahr festzulegen. In meinem früheren Unternehmen wurden die mittelfristigen Ziele sogar auf zehn Jahre festgelegt. In manchen Branchen, wie zum Beispiel in der Forstwirtschaft, kann das durchaus heute noch Sinn machen.

Wie lassen sich nun Unternehmensziele erarbeiten? Grundsätzlich leiten sich diese von der Strategie ab:

- Wenn Sie als Strategie die Preisführerschaft anstreben, dann könnte ein Ziel sein: Die Kosten einer Produktlinie innerhalb der nächsten drei Jahre um 40 % senken.
- Wenn Sie als Strategie die Technologieführerschaft anstreben, dann könnte ein Ziel sein: Innerhalb der nächsten drei Jahre jedes Quartal ein neues Produkt einführen.

Tipp

Begehen Sie nicht den Fehler, die Strategie von den Unternehmenszielen abzuleiten! Das Vorgehen muss genau anders herum erfolgen: Die Unternehmensziele werden auf Basis der Strategie erarbeitet. Unternehmen, die sich an der klassischen Mittelfristplanung orientieren, begehen oft genau diesen Fehler: Die Planung ist dann meist eine reine Fortschreibung der bisherigen Ziele, ohne dass diese auf ausgearbeiteten strategischen Stoßrichtungen aufbaut.

2.6.1 Anzahl mittelfristiger Ziele

Damit kommen wir zu einem ganz entscheidenden Thema, nämlich zu der Frage: »Wie viele Unternehmensziele sind überhaupt sinnvoll?« Ich schlage hier mittlerweile ziemlich rigoros eine Limitierung der Anzahl auf maximal drei Unternehmensziele vor – und zwar aus folgenden Gründen:

1. In gewisser Weise bin ich beeinflusst durch meine Arbeit mit der Balanced Scorecard (BSC). Ein generelles Credo von Kaplan und Norton, den Urvätern der BSC, war: Twenty is plenty. Das bedeutet: maximal 20 Ziele auf der obersten Ebene. Viele Projekte haben gezeigt, dass das viel zu viele Ziele waren und sich diese durch weitere Kaskadierungen auf die nächsten Unterneh-

mensebenen vervielfacht haben. Am Ende war der weitere Prozess nicht mehr handhabbar und endete im einem Zahlenfriedhof – ein Grund, warum die Balanced Scorecard in vielen Unternehmen gescheitert ist. (Das heißt jedoch nicht, dass Kernelemente der BSC nicht sinnvoll wären, wie wir später sehen werden.)

2. Ein anderer Grund ist, dass sich viele Manager wohler fühlen, wenn sie sich möglichst durch mehrere Ziele absichern und dadurch vermeintlich das Risiko eine Fehlsteuerung minimieren. Die Folge ist jedoch eine mangelnde Priorisierung und Fokussierung.
3. Der dritte Grund liegt in der Tatsache, dass sehr häufig auf den oberen Unternehmensebenen sehr operativ gedacht und auch agiert wird. Dadurch finden sich zwangsweise häufig auch operative Ziele in den Unternehmenszielen.

John Doerr (2018) schreibt: *»Anfänglich gingen wir bei unseren Unternehmens-Objectives meist ziemlich weit und waren viel zu ambitioniert. Wir bestimmten sieben oder acht, obwohl wir bestenfalls die Kapazität für zwei hatten.«*

Tipp

- Prüfen Sie Ihre bisherigen Ziele auf ihre strategische Aussagekraft.
- Streichen Sie rigoros operative Ziele aus den Unternehmenszielen.
- Verwenden Sie die Logik der vier Scorecard-Perspektiven (siehe Abb. 11). Diese hilft Ihnen bei der Auswahl möglicher Unternehmensziele. Damit vermeiden Sie, dass Sie lediglich finanzielle Ziele (Ergebnisziele) definieren. Vielmehr berücksichtigen Sie stattdessen auch sogenannte Enabler bzw. Frühindikatoren, die sich aus den Perspektiven Kunden/Markt, Prozesse und Mitarbeiter/Infrastruktur ergeben.
- Seien Sie mutig nach dem Motto: »Wesentliches Minimum und kompromisslose Abwahl«. Ich kann Ihnen versprechen: Die Organisation wird es Ihnen danken!

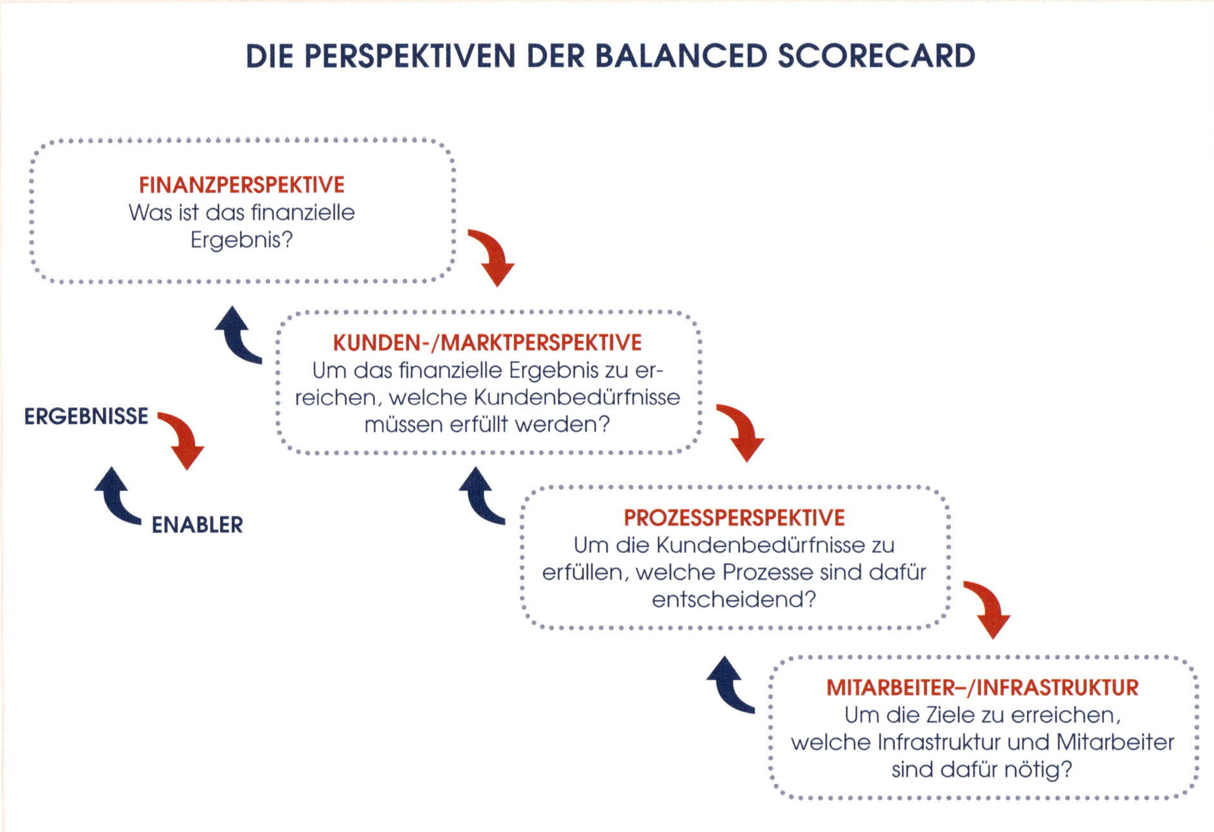

Abb. 11: Die Perspektiven der Balanced Scorecard

2.6.2 Durchbruchsziele: Eine sinnvolle Überlegung

Die OKR-Methode verfolgt den Grundsatz, eher herausfordernde Ziele festzulegen. Google bezeichnet diese Ziele als sogenannte erstrebenswerte Ziele. Damit soll die Organisation laut John Doerr animiert werden, risikoträchtigere und disruptivere Ideen abzubilden und über den Tellerrand hinauszublicken.

In der praktischen Umsetzung finden sich zwei Formen solcher herausfordernder Ziele: Im einen Fall wird eine sehr ambitionierte, kaum erreichbare Ziellinie festgelegt. Diese Ziele nennt man auch Stretch-Goals. Im anderen Fall handelt es sich um Ziele, die eine wesentliche Veränderung bewirken und uns auffordern sollen, darüber nachdenken, wie wir unser Geschäft oder die Abläufe komplett anders als bisher tun könnten. Diese Ziele werden beim Hoshin-Kanri-Ansatz »Durchbruchsziele« oder »Breakthrough-Ziele« genannt. Nimmt man die Bezeichnung »Durchbruch« ernst, würde die Erreichung dieser Ziele tatsächlich etwas bahnbrechend Neues bedeuten. Damit wären wir dann auch eng beim Begriff der Innovation.

Eine aus meiner Sicht sehr gute Definition, die aus der Ausbildung zum Innovation Practitioner des Verrocchio Instituts stammt, bezeichnet Innovation als »... umgesetzte Ideen, die Märkte revolutionieren, da sie Probleme lösen, die die Kunden vorher noch nicht gekannt haben«.

Inwieweit eine Organisation auf Basis dieses Verständnisses mit Durchbruchszielen agiert, ist natürlich abhängig von der aktuellen Unternehmenssituation, aber auch davon, ob überhaupt Kompetenzen vorhanden sind, derartig innovative Ziele zu definieren. Dies war ja bereits beim Thema Visionserarbeitung eine Überlegung. Meine Erfahrung zeigt, dass viele Unternehmen hiervon noch weit entfernt sind – am ehesten klappt dies bei Start-ups.

Also bleibt die Frage: Was tun? Meine Erfahrung zeigt, dass sich in vielen Unternehmen sowohl das oberste Management als auch die nächsttieferen Ebenen sehr gut mit dem Begriff Durchbruchsziele identifizieren können. Voraussetzungen dafür sind allerdings, dass man sich dabei auf wenige wichtige Ziele konzentriert und dass diese Ziele der festgelegte und verbindliche Fokus des Managements sind – unabhängig davon, ob diese tatsächlich einen wirklichen Durchbruchscharakter haben.

Schaut man sich den Arbeitstag vieler Manager an, wird schnell deutlich, dass die strategischen Aufgaben häufig

2

nur einen geringen Anteil ausmachen (vgl. Abb. 12, linkes Schaubild). Sehr häufig überwiegt das operative Tagesgeschäft. In einer solchen Situation ist ein Unternehmen vom Reifegrad her gar nicht in der Lage, mit Durchbruchszielen zu agieren, da das Management sich eher im Firefighting-Modus befindet und die Prozesse nicht wirklich stabil laufen. Auch die Aktivitäten bezüglich kontinuierlicher Verbesserungsprozesse (KVP) und Lean Management sind in diesem Fall in der Regel sehr gering ausgeprägt. Idealerweise sollten, wie auf der rechten Seite in Abbildung 12 dargestellt, die strategischen Aufgaben einen Großteil des Arbeitsalltages von Managern ausmachen, der Anteil an KVP und Lean Management in der gesamten Organisation verankert sein und das operative Tagesgeschäft sollte stabil laufen.

Tipp

- Prüfen Sie den Innovations- und Problemlösungsreifegrad Ihrer Organisation.
- Prüfen Sie die Notwendigkeit von Durchbruchszielen in Anbetracht der aktuellen Unternehmenssituation.
- Machen Sie einen Check mit Management und Führungskräften, ob diese sich eher in der linken oder rechten Grafik von Abbildung 12 sehen.
- Checken Sie mit Ihrem Management und Ihren Führungskräften, inwieweit sich diese mit dem Begriff Durchbruchsziele identifizieren können.

FALLBEISPIEL: UNTERNEHMENSZIELE

Das Managementteam (Vorstand und nächstuntere Führungsebene) eines Software-Herstellers legte in einem zweitägigen Strategie-Workshop drei Unternehmensziele sowohl für die nächsten drei Jahre als auch für das kommende Jahr fest (siehe Abb. 13). Dabei orientierten sie sich an der Vorgabe, maximal drei Ziele zu definieren und ihnen einen Durchbruchscharakter zu verleihen. Außerdem verwendeten sie die Logik der Balanced Scorecard.

Das Unternehmen war auf Wachstumskurs, deswegen wurde aus der Finanzsicht heraus der Umsatz als ein Unternehmensziel definiert. Dahinter lag eine degressive Planung, die bereits im ersten Jahr ein Umsatzwachstum von 50 % vorsah: Wachstum in 2020 um 50 %, in 2021 um 35 % und in 2022 um 25 %. In der Vergangenheit war das Unternehmen durch eine sogenannte Hockey-Stick-Planung geprägt (progressive Planung), bei der sich insbe-

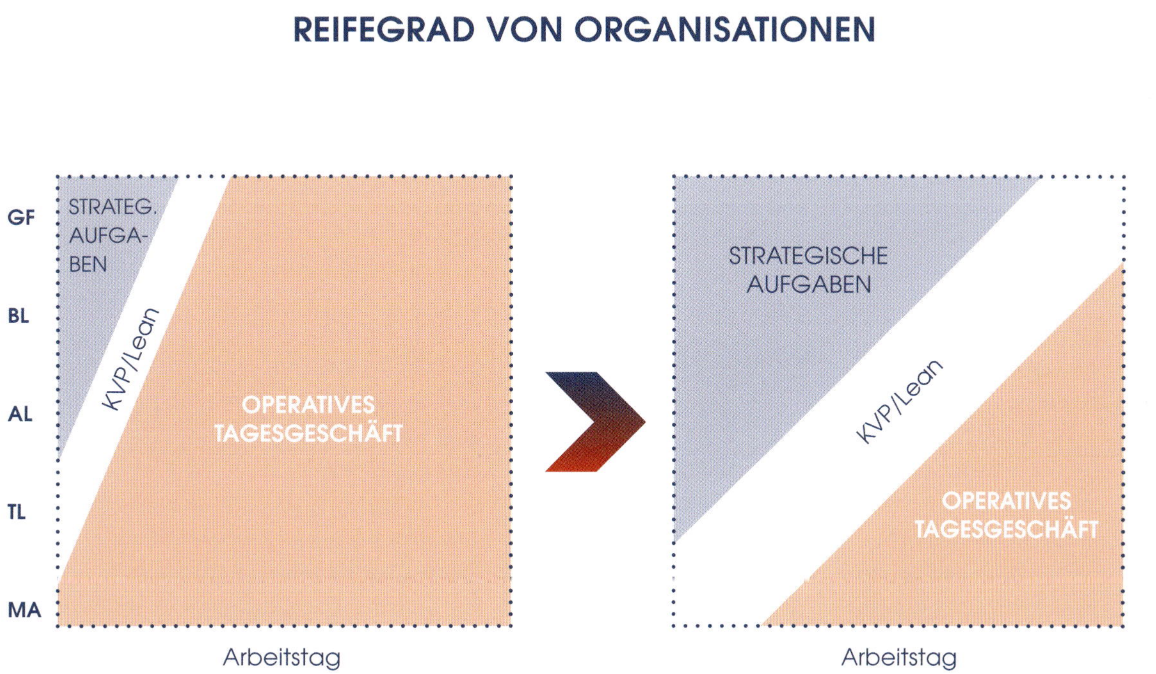

Abb. 12: Reifegrad von Organisationen

2

Mittelfristige Unternehmensziele 2023		
Umsatzsteigerung von 100 Mio € auf 250 Mio €	Erhöhung es Unternehmens-Net Promoter Score von 30 auf 80	Gewinner des »Top Job«-Award
Jährliche Unternehmensziele 2020		
Umsatzsteigerung von 100 Mio € auf 150 Mio €	Erhöhung des Unternehmens-Net Promoter Score von 30 auf 50	Unter den Top 3 Arbeitgebern beim Job-Award

Abb. 13: Beispiel für Unternehmensziele

sondere der Vertrieb meist zum Ende des Jahres hin die Hauptumsätze erhoffte. Dies sollte in der neuen Strategie umgangen werden, in dem man von vorne herein die Organisation mobilisieren und aus ihrer Komfortzone herausholen wollte.
Ein zweiter wesentlicher strategischer Eckpfeiler war die Zufriedenheit der Kunden. Da diese bereits regelmäßig auf aggregierter Ebene sowie auch in verschiedenen Unterkategorien durch den Net Promotor Score (NPS) gemessen wurde, stellte dies ein geeignetes Unternehmensziel dar. Insbesondere in den letzten Jahren konnte ein nahezu stagnierender NPS verzeichnet werden. Deswegen war die Planung im Vergleich zu den Unternehmenszielen noch aggressiver. Diese sah eine Steigerung in 2020 von 30 auf 50 um 67 %, in 2021 um 30 % und in 2021 um 23 % vor.
Das Unternehmen war davon überzeugt, dass es als Arbeitgeber nur attraktiv sein konnte, wenn Aspekte wie Mitarbeiterzufriedenheit, Arbeitsumfeld und Image als überdurchschnittlich gut empfunden wurden. In der Vergangenheit wurden Aktivitäten in diese Richtung nur punktuell, wenig strukturiert und ohne entsprechende Erfolgsmessung vorgenommen. Aus diesem Grund setzte sich das Unternehmen als das dritte strategische Unter-

nehmensziel den »Top Job«-Award als Ziel für 2023. Im Jahr 2020 wollte man bereits zumindest unter den Top-3-Arbeitgebern sein.
Die Unternehmensziele bildeten nun die Basis für die Überleitung in Quartalsziele. Natürlich könnten die Unternehmensziele auch nach der OKR-Methode definiert werden. Diese Alternative stelle ich Ihnen in Kapitel 3 vor.

KAPITEL 3

OKR

OBJECTIVES UND KEY RESULTS

3 Objectives und Key Results

Objectives und Key Results sollen Antworten auf folgende Fragen geben: »Wo will ich hin?« (Objectives) und »Wie messe ich den Fortschritt bzw. ob ich mein Ziel erreicht habe?« (Key Results). Abbildung 14 stellt im Überblick die Logik von OKR, die sich aus diesen beiden Fragen ergibt, dar. Im Folgenden werden die Merkmale in Detail beschrieben.

3.1 Merkmale von Objectives

Objectives sind definiert als das, WAS es in dem folgenden Quartal zu erreichen gilt. Sie geben somit die Richtung vor und sind eher qualitativ definiert. Dabei sollen sie sehr ambitioniert sein und sich unbequem anfühlen. Dennoch sollten sie motivierend formuliert sein. In der Praxis ist das nicht ganz so einfach, wie es sich anhört. Im Folgenden gehe ich daher genauer auf die wesentlichen Merkmale ein.

Objective	Key Result
Ich möchte erreichen (Objective) und weiß wo ich aktuell stehe (Key Result).	
WAS wir erreichen wollen.	**WIE** wir den Fortschritt messen.
• Ambitioniert, motivierend, inspirierend • Unbequem • Verbindliche vs. erstrebenswerte Ziele • Zeitdauer von 3 Monaten • Qualitativ • 3–4 Objectives je Ebene	• Messbar • Quantitativ • Fortschritt erkennbar • Mehrdimensional • Erfolgstreiber • 2–4 Key Results je Objective

Abb. 14: Objectives und Key Results im Überblick

3

3.1.1 Verbindliche und erstrebenswerte Ziele

Bei Google unterscheidet man generell zwei Formen von Zielen: verbindliche Ziele und erstrebenswerte Ziele. Verbindliche Ziele sind Ziele, die zu 100 Prozent erreicht werden müssen, da es sich sonst um die Verschlechterung einer definierten Leistung handeln würde, wie zum Beispiel Liefertreue und Verfügbarkeiten. Erstrebenswerte Ziele hingegen zielen darauf ab, die Organisation zum kompletten Überdenken bisheriger Strukturen und Prozesse anzuregen. Dies sind Ziele, die auf risikoträchtigere oder disruptivere Ideen abzielen und dazu animieren sollen, »über den Tellerrand hinauszublicken«. Bei Google werden im Schnitt diese Ziele zu 40 Prozent nicht erreicht.

Die Beschreibung von erstrebenswerten Zielen trifft auch sehr gut den oben beschriebenen Charakter von Durchbruchszielen. Der US-amerikanische Managementexperte Jim Collins spricht auch von sogenannten BHAG-Zielen (big hairy audicious goals). Übersetzt bedeutet dies so viel wie: große, haarige und mutige Ziele.

3.1.2 Zeitdauer von drei Monaten

Generell gilt es, die Objectives auf eine Dauer von drei Monaten auszurichten. Dies bedeutet, dass idealerweise nach drei Monaten neue Objectives definiert werden. Inwieweit dies im ersten Jahr Ihrer OKR-Einführung sinnvoll ist, sollten Sie ausprobieren und davon abhängig machen, ob es überhaupt realistisch ist. Die Praxis zeigt, dass sich sehr häufig der Charakter von verbindlichen Zielen, die eher das Tagesgeschäft abbilden, in diesem Zeitraum wenig ändert.

Tipp

Starten Sie, indem Sie mit der Erstellung von Objectives experimentieren.

Qualitativ und unbequem

Eine Frage, über die Unternehmen häufig stolpern, lautet: »Wie kann ich ein qualitatives Objective unbequem definieren?« Hier zeigt die Praxis, dass ein Objective hinsichtlich seiner »Härte« dann besser einschätzbar wird, wenn ein Key Result über die Zielvorgabe Klarheit verschafft. Beispielsweise besteht im Objective »Cloudbasierten Umsatz signifikant erhöhen« Ermessensspielraum, was das genau bedeutet. Erst durch ein konkretes Key Result wie zum Beispiel »Umsatz Cloud Partner von 20 Mio Euro auf 40 Mio Euro erhöhen« wird das Ausmaß für die Verantwortlichen klarer.

Tipp

- Definieren Sie ein Objective immer als Satz mit Verb.
- Verwenden Sie möglichst Adjektive in der Beschreibung des Objectives. »Kundenzufriedenheit erhöhen« hört sich weniger unbequem an, als »eine einzigartige Kundenzufriedenheit erreichen«.

3.1.3 Maximale Anzahl an Objectives pro Abteilung

Als Faustregel gilt, drei bis vier Objectives pro Ebene zu definieren. Vergleicht man die OKR-Methode mit dem Hoshin-Kanri-Ansatz, erkennt man, wie bereits erwähnt, rasch Gemeinsamkeiten. In der Hoshin-Kanri-Logik würde das Objective der ebenso qualitativ definierten Improvement Priority (Verbesserungspriorität) entsprechen. Die Key Results sind den Success Indicators (Erfolgsindikatoren) im Hoshin-Kanri-Ansatz gleichzusetzen. Insofern ist die OKR-Logik mit »Was wollen wir erreichen?« und »Wie machen wir es messbar?« an dieser Stelle dem Vorgehen des Hoshin Kanri sehr ähnlich.

Checkliste für Objectives

- ☐ Sind sie definiert als das, WAS es in dem folgenden Quartal zu erreichen gilt?
- ☐ Geben sie eine klare Richtung vor?
- ☐ Sind sie eher qualitativ definiert?
- ☐ Sind sie ambitioniert, aber doch motivierend und inspirierend formuliert?
- ☐ Fühlen sie sich unbequem an?
- ☐ Sind sie im definierten OKR-Zyklus (3 Monate) umsetzbar?
- ☐ Ist ein Satz mit Verb formuliert?
- ☐ Werden in der Formulierung Adjektive verwendet?
- ☐ Sind sie leicht verständlich?

3.2 Merkmale von Key Results

Key Results geben an, WIE das Quartalsziel erreicht werden soll. Es sind messbare Schlüsselergebnisse, die regelmäßig Auskunft über den aktuellen Fortschritt geben sollen. Am Ende des Quartals wird reflektiert, ob die Key Results erfüllt oder nicht erfüllt sind.

3

3.2.1 Mehrdimensionalität

Als Faustregel gilt: Pro Objective sollten zwei bis vier Key Results definiert werden. Dadurch lässt sich vermeiden, dass nur eine Messgröße verfolgt wird und dies zulasten einer anderen Messgröße geht, woraus sich Zielkonflikte ergeben können. Man spricht hier von Mehrdimensionalität, die es ermöglicht, gleichzeitig Effekt und Gegeneffekt zu messen, und die dazu dient, Zielkonflikte zu vermeiden. Wird beispielsweise die Produktion an der Einhaltung der Termintreue gemessen, kann es passieren, dass dadurch der Fokus auf die Auslieferung einwandfreier Produkte verloren geht. Oder es wird, um Liefertreue und Produktqualität aufrechtzuerhalten, ein zu hoher Bestand aufgebaut. Insofern sollten in unserem Beispiel neben Zielen zur Liefertreue auch qualitative Ziele sowie klare Bestandsziele definiert werden.

3.2.2 Ergebnis- und Erfolgsindikatoren

John Doerr empfiehlt zudem, einen Mix aus sogenannten Ergebnis- und Einsatzgrößen vorzunehmen, also beispielsweise neben dem Umsatz auch die Anzahl an Akquisegesprächen zu messen.

Ebenso gilt es zu berücksichtigen, dass die Key Results nicht nur aus sogenannten Ergebniszielen, also etwa Umsatzzielen, bestehen sollten (siehe dazu auch Kap. 2.6.1). Umsatz beispielsweise ist ein sogenannter Spätindikator, der durch Frühindikatoren wie zum Beispiel Auftragseingang, Anzahl oder Volumen versendeter Angebote oder Anzahl von Kundenbesuchen beeinflusst werden kann. Spätindikatoren sind in der Regel keine Steuerungsgrößen. Vielmehr gilt es diejenigen Hebel herauszuarbeiten, die positiv auf die Spätindikatoren wirken.

Tipp

Die Verwendung von Ergebnis- und Erfolgsindikatoren innerhalb eines OKR-Sets (Objective und dazugehörige Key Results) empfehle ich nur in den Fällen, in denen OKR nicht auf eine nächste Ebene oder auf weitere Teams heruntergebrochen wird. Andernfalls würden Sie Key Results vorwegnehmen. Dies wird im nächsten Kapitel im Detail beschrieben.

3.2.3 Messbare Schlüsselergebnisse

Eine entscheidende Frage im Zusammenhang mit Key Results ist, wie man gute und sinnvolle Messgrößen findet. Dafür hat sich folgendes Vorgehen bewährt:

1. **Erfolgsindikatoren Ihres Unternehmens definieren:** Überlegen Sie sich, welche Erfolgsindikatoren am besten Ihr Geschäft abbilden. In der Unternehmenspraxis findet man unterschiedliche und gängige Kategorien. Viele Unternehmen bilden zum Beispiel ihre Kennzahlen mit der QKL-Methode ab (Qualität – Kosten – Liefertreue) oder Qualität/Service – Kosten – Zeit – Wissen/Information. Produktionsunternehmen arbeiten gerne mit SQPDC (Safety – Quality – Productivity – Delivery – Cost).
2. **Kategorisieren der Objectives:** Prüfen Sie, in welche Kategorie das Objective am besten passt. Geht es zum Beispiel um das Thema Servicelevel, dann sprechen wir von der Kategorie Liefertreue. Geht es um Reklamationen, dann handelt es sich um das Thema Qualität usw. Dadurch bekommen Sie schon erste Hinweise auf mögliche Kennzahlen.
3. **Bestimmen von leistungsorientierten, metrischen Kennzahlen:** Generell sollen Key Results den Fortschritt einer bestimmten Performance messen. Am besten geschieht dies durch sogenannte metrische Messgrößen. Dies können entweder absolute Zahlen sein oder relative Kennzahlen als Kombination und ausgedrückt durch Prozentwerte. Generell gibt es folgende Einheiten:
   - Euro (zum Beispiel Umsatz, Kosten, Herstellkosten, Reklamationskosten)
   - Wochen, Tage, Stunden (zum Beispiel Durchlaufzeit in Wochen, in Tagen, in Stunden)
   - Stück (zum Beispiel Anzahl Reklamationen, Anzahl Kundenbesuche, Anzahl Bugs)
   - Prozent (zum Beispiel als eine Kombination aus den obigen drei Einheiten, wie Servicelevel, Fehlerquote o. Ä.)
   - Index (zum Beispiel Kunden- oder Mitarbeiterzufriedenheit)

Dabei gilt folgende Faustregel: Auf höheren Steuerungsebenen machen eher prozentuale Kennzahlen Sinn, auf operativen Ebenen eher absolute Kennzahlen.

Tipp

Vermeiden Sie dabei möglichst Key Results, die eher To-Do-Listen darstellen oder den Projektfortschritt sowie den Fortschritt von Konzepten oder Maßnahmen messen. In Ausnahmefällen kann es jedoch durchaus Sinn machen, insbesondere wenn die Erstellung eines Konzepts der erste Schritt in Richtung eines Results ist. Getreu dem Motto: besser als nichts. Beispielsweise hat die reine Erarbeitung einer Vertriebsstrategie noch keine direkte Wirkung auf den Umsatz

3

und kann in einem ersten Schritt nur durch eine Messgröße, wie zum Beispiel den Fortschritt, gemessen werden.

Daneben gibt es binäre Kennzahlen, die sich durch Erfüllung im Sinne von »ja« oder »nein« definieren. Kennzahlen können aber auch eine Spannbreite messen, zum Beispiel: Erreichen eines Servicelevels zwischen 75 % und 85 %.

Checkliste für Key Results

- ☐ Geben sie an, WIE das Objective erreicht werden soll?
- ☐ Sind es messbare Schlüsselergebnisse?
- ☐ Können sie regelmäßig eine Auskunft über den aktuellen Fortschritt geben?
- ☐ Werden Ergebnisse beschrieben und nicht Aktivitäten?
- ☐ Ist es keine To-Do-Liste?
- ☐ Sind die Treiber zur Erreichung des Objectives identifiziert?
- ☐ Sind klare Zielwerte definiert?
- ☐ Ist eine 70 %ige Zielerreichung bereits ein Erfolg?
- ☐ Ist ein Jumping-off Point, also der Ausgangswert, definiert?
- ☐ Ist ein Satz mit Verb formuliert?
- ☐ Sind sie klar verständlich?

FALLBEISPIEL: OKR AUF DER EBENE DES TOPMANAGEMENTS

In Kapitel 2.6.2 hatte ich eine Möglichkeit zur Darstellung der Unternehmensziele vorgestellt (vgl. Abb. 13). Verfolgen Sie die Logik nach OKR auch auf oberster Unternehmensebene, könnte sich unser Beispiel wie in Abbildung 15 dargestellt gestalten. Dabei wurde die Jahres- und Mittelfristsicht beibehalten. Lediglich die Jahresziele sind unterteilt in Objectives (O) und Key Results (K).
Das Wachstumsziel bezieht sich jetzt nicht nur auf den Umsatz, sondern enthält die Maßgabe, profitabel und organisch zu wachsen. Insofern macht es Sinn, neben dem Umsatz auch zum Beispiel den EBIT sowie die Ausprägung des organischen Wachstums zu messen.
Das Ziel, ein wettbewerbsstarker Cloud-Service-Anbieter zu werden, wird in diesem Beispiel nicht nur durch den NPS gemessen, sondern an der Kundenabwanderungsrate und dem Kundennutzen (vgl. Beispiel in Kap. 2.5).
Ähnlich verhält es sich mit dem Unternehmensziel, als attraktiver Arbeitgeber wahrgenommen zu werden. Dieser wird hier nicht nur am Top-Job-Award gemessen, sondern ebenso anhand der Fluktuations- und Krankenquote.

Mittelfristige Unternehmensziele 2023		
Wir erzielen 250 Mio € durch profitables und organisches Wachstum	**Wir werden der beste Cloud-Service-Anbieter und erreichen einen Unternehmens-Net Promoter Score von 80**	**Wir werden Arbeitgeber der Wahl und sind der Gewinner des »Top Job«-Award**
Jährliche Unternehmensziele 2020		
O Wir wachsen profitabel und organisch	**O** Wir werden ein wettbewerbsstarker Cloud-Service-Anbieter	**O** Wir werden Arbeitgeber der Wahl und sind unter den Top 3 beim Job-Award
K1 Umsatzsteigerung von 100 Mio € auf 150 Mio €	**K1** NPS von 30 auf 50 erhöhen	**K1** Top 3 beim Job Award erreichen
K2 EBIT von 8 % auf 10 % erhöhen	**K2** Kundenabwanderungsrate von 10 % auf 5% senken	**K2** Fluktuationsquote von 8 % auf 3 % senken
K3 100% organisches Wachstum	**K3** Kundennutzen von 0,9 auf 1,1 steigern	**K3** Krankenquote von 6 % auf 4 % senken

Abb. 15: Darstellung der Unternehmensziele nach der OKR-Logik

Welche Variante der Darstellung der Objectives und Key Results Sie verwenden und wie Sie diese messen sollten, kann man nicht verallgemeinernd sagen. Das muss jeweils im Einzelfall entschieden werden. Meine Erfahrung zeigt, dass die Darstellung gerade auf oberster Ebene nicht zu komplex sein sollte und dass ein klarer Fokus erkennbar sein muss. Bedenken Sie immer, dass die hier genannten Ziele die Ausgangsbasis für die weitere OKR-Erarbeitung sind und dass sie deshalb für alle im Unternehmen verständlich beschrieben und übersichtlich dargestellt sein sollten. Sind auf der obersten Ebene zu viele Ziele und diese zu kurzzyklisch definiert, dann wird es schnell unübersichtlich.

Aus diesem Grund gibt es Unternehmen, die wieder die auf die erste, vereinfachte Variante aus Abbildung 13 umgestiegen sind. Dies gilt insbesondere für größere Unternehmen, die OKR auf weiteren Ebenen in der Organisation verankern wollten. Häufig hat sich dort gezeigt, dass komplexe OKR, die auf der obersten Unternehmensebene definiert

3

waren, operative Ziele enthielten, die eigentlich eher auf einer unteren Ebene relevant waren.

Für kleinere Unternehmen, die OKR nicht auf mehreren Ebenen verankern müssen, kann es jedoch durchaus Sinn machen, auf der Ebene des Topmanagements Unternehmensziele gemäß den OKR-Kriterien zu definieren.

Ich habe auch Ansätze gesehen, bei denen in einem ersten Schritt der OKR-Einführung lediglich qualitative Unternehmensziele ohne Key Results für die Organisation ausgesprochen wurden, also zum Beispiel: »Wir werden ein etablierter Cloud-Service-Anbieter am Markt« oder »Wir liefern erstklassische Multi-Channel-Lösungen«. Auf dieser Basis sollte sich dann die Organisation (nächste Ebene, Teams etc.) überlegen, mit welchen Objectives und Key Results sie auf die übergeordneten Unternehmensziele einzahlen. In diesen Fällen sollte nicht zu stark top-down auf die Organisation eingewirkt werden, sondern eher eine grobe Richtung ausgesprochen werden. Die meisten Unternehmen werden meiner Erfahrung nach dennoch über die Zeit konkreter, was die Messbarkeit angeht. Denn es stellt sich früher oder später unweigerlich die Frage: »Woher wissen wir, ob wir als Unternehmen insgesamt besser geworden sind?«

Tipp

- Legen Sie fest, welche und wie viele Unternehmensebenen OKR definieren sollen.
- Berücksichtigen Sie Ihre Unternehmensgröße.
- Vermeiden Sie operative Ziele in den Unternehmens-OKR.
- Prüfen Sie die Verfügbarkeit von Kennzahlen.

Bevor wir nun OKR für weitere Ebenen unterhalb des Topmanagements beschreiben, ist es wichtig, ein Verständnis dafür zu haben, wie OKR auf welcher Ebene definiert werden sollte.

In unserem Beispiel würden wir in einem nächsten Schritt mit dem Managementteam der Bereichsleiter deren OKR definieren. Dazu müssen wir uns im Folgenden zunächst mit dem Thema der Kaskadierung von OKR beschäftigen.

KAPITEL 4

UNTERNEHMENSWEITES ALIGNMENT VON OKR

4 Unternehmensweites Alignment von OKR

Kommen wir zu einem für den Erfolg von OKR entscheidenden Thema. Wie brechen wir OKR auf verschiedene Ebenen oder Teams eines Unternehmens herunter? Dieser Punkt wird generell in der Anwendung kritisch diskutiert. Denn was wir ja gerade nicht wollen, ist eine Eins-zu-eins-Kaskadierung der Ziele bis auf die unterste Unternehmensebene. Dies war ja im MbO-Ansatz der Fall, was zu einem starren, siloartigen und bürokratischen Zieleprozess geführt hatte. OKR hingegen soll gerade Agilität und Flexibilität in die Unternehmenssteuerung und Zielverfolgung bringen. Laszlo Bock, ehemaliger Leiter People Operations bei Google machte deutlich, dass die Kaskadierung von OKR über alle Ebenen die Organisation über kurz oder lang lahmgelegt hätte und dass es sinnlos wäre, Ziele hinauf und hinab zu delegieren. Vielmehr spricht er davon, dass sich die Ziele über die Zeit annähern müssten. Dies würde durch die hohe Transparenz von OKR ermöglicht, »da die wichtigsten OKR bekannt und diejenigen aller anderen sichtbar sind. Teams, die stark von der Ausrichtung abweichen, fallen auf, und die wenigen großen Initiativen, die jeden betreffen, sind klar genug, um sie direkt führen zu können.«

4.1 Klassische Zielkaskadierung vs. Zieltransformation

Der MbO-Ansatz verfolgt die Idee, dass die Gesamtheit der Unternehmensziele die Summe aller Einzelziele des Unternehmens ergeben. Das bedeutet, dass die Ziele in ihre Unterziele aufgebrochen oder sogar mathematisch aufgeteilt werden. Dies führte sehr häufig zum sogenannten Gießkannenprinzip. Unabhängig davon, ob die Beteiligten das Ziel beeinflussen können, bekommt jeder davon eine Scheibe ab. In der Praxis begegnet es mir dann sehr häufig, dass Ziele einfach quer durch die Organisation bis auf die unteren Unternehmensebenen »herunterplumpsen«.

Ein Beispiel dazu: Angenommen, ein Unternehmen hat als eine der obersten Zielsetzungen die Steigerung der Produktivität festgelegt und ausgesprochen. Beim Blick auf die Zielkaskadierung in der Organisation stellt man daraufhin fest, dass sich dieses Ziel auf weiteren Unternehmensebenen bis auf den Shopfloor hinunter genauso wiederfindet (siehe Abb. 16). Die Beeinflussbarkeit dieses Zieles auf den jeweiligen Ebenen ist jedoch fraglich. Wird zum Bei-

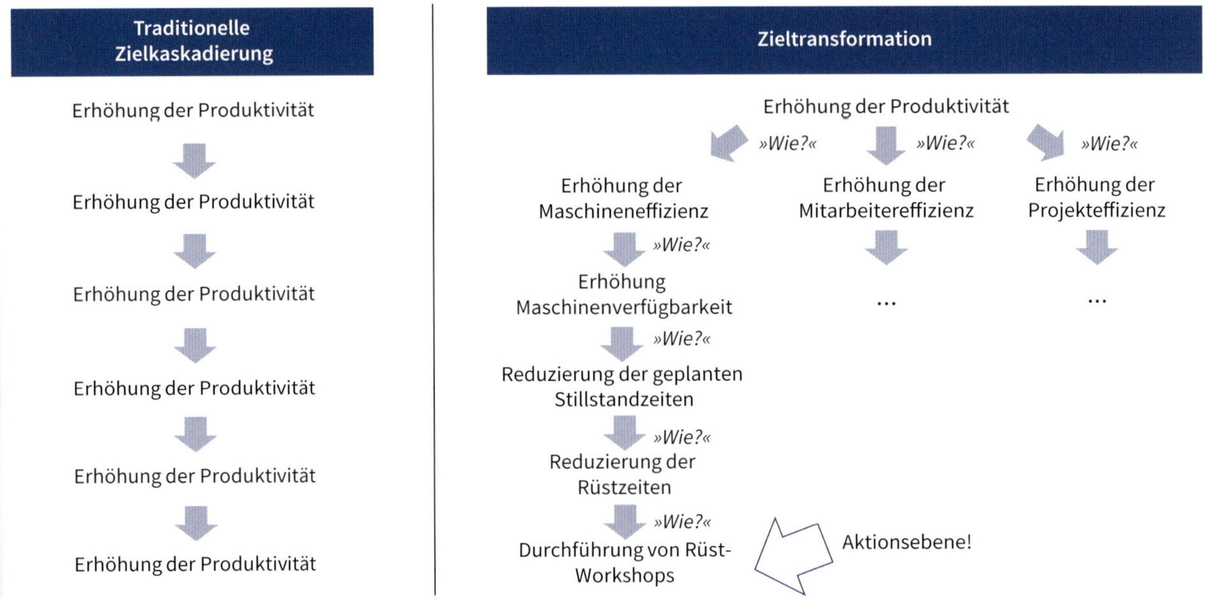

Abb. 16: Traditionelle Zielkaskadierung vs. Zieltransformation

spiel die Produktivität als Umsatz pro Mitarbeiter gemessen, mag dies vielleicht auf einer oberen Ebene durchaus logisch klingen. Ohne gezielte Maßnahmen und sinnvolle Unterstützung dabei wird ein Team- oder Gruppenleiter in der Produktion jedoch kaum in der Lage sein, den Umsatz zu beeinflussen, ohne beispielweise die Zahl der Mitarbeiter zu reduzieren, was weder gewollt noch sinnvoll wäre. Dies führt zwangsläufig dazu, dass Ziele »von oben« keine Akzeptanz bei den Mitarbeitern finden.

In meiner Coaching-Praxis erlebte ich beispielweise bei einem Shopfloor-Meeting im Rahmen der Regelkommunikation, dass mir der Meister auf mein Feedback hin sagte, er mache das Meeting nur, weil er es machen müsste. Das Team identifizierte sich also weder mit den Zielen noch mit den Kennzahlen. Alles wurde von ganz oben vorgegeben, unabhängig davon, ob es für das Team bei der operativen Arbeit Sinn machte.

OKR verfolgt den Grundsatz, Ziele nicht rein top-down vorzugeben. Vielmehr sollen die jeweils nächsten darunterliegenden Ebenen in den Prozess miteingebunden werden. Unternehmen sollen durch OKR befähigt werden, agile und flexible Unternehmenssteuerung zu betreiben. Dennoch stellt sich insbesondere in größeren Unternehmen mit mehreren Hierarchieebenen die Frage: »Wie schaffen wir es, die unteren Ebenen an OKR auszurichten? Wenn schon nicht Kaskadieren, wie dann?« Antworten hierauf sind weder in der Literatur noch in der Praxis häufig zu finden. Aus jahrelanger Erfahrung mit diesem Thema heraus habe ich deshalb bei der Einführung von OKR eine Vorgehensweise entwickelt, deren Ursprünge im Hoshin-Kanri-Ansatz liegen und die sich seither in vielen Fällen bewährt hat.

4.1.1 Zieltransformation – Die Frage nach dem »Wie«

Wie oben schon erwähnt, enthalten Zielbeschreibungen von oberen Unternehmensebenen sehr häufig operative Ziele. Angenommen, ein Produktionsunternehmen hat sehr lange Rüstzeiten und diese sollen reduziert werden. Wenn dies eine Zielsetzung auf einer hohen Unternehmensebene ist, dann wird man sich schwertun, dieses Ziel weiterzukaskadieren, da man relativ schnell auf der Aktionsebene angelangt ist. Vielmehr sollte sich die Unternehmensführung im OKR-Prozess überlegen, was für ihre »Flughöhe« das entsprechende übergeordnete Ziel sein könnte.

4

Das passende Objective könnte hier in der Tat die Steigerung der Produktivität sein. Die Key Results lassen wir hier im Moment noch außen vor. Zunächst sollte sich die nächste Ebene überlegen, wie sie dazu beitragen kann, die Produktivität zu erhöhen. In einem eher maschinenlastigen Bereich kann die Produktivität durch die Erhöhung der Maschineneffizienz beeinflusst werden, während in einem eher montagelastigen Bereich die Erhöhung der Mitarbeitereffizienz eine Rolle spielt. Mitarbeiter, die eher in Projektearbeit involviert sind, könnten zum Beispiel ihre Projekteffizienz erhöhen. Durch die Frage auf der nächsten Ebene, wie die Maschineneffizienz erhöht werden kann, kommt man zum Beispiel zu dem Schluss, dass dafür die Maschinenverfügbarkeit verbessert werden muss. Diese kann wiederum durch die geplanten Stillstandzeiten beeinflusst werden. Die geplanten Stillstandzeiten wiederum können durch die Reduzierung der Rüstzeiten gesenkt werden. Um nun die Rüstzeiten zu reduzieren, müssen Rüst-Workshops durchgeführt werden. Somit ist man auf der Aktionsebene angelangt und stellt sicher, dass durch geeignete Maßnahmen auf der operativen Ebene zielorientiert gearbeitet wird, um das auf der obersten Ebene definierte Ziel »Erhöhung der Produktivität« zu erreichen.

Allein durch die Frage »Wie können wir das Ziel erreichen?« wird jede Ebene aktiv in den Prozess eingebunden. Die Teams suchen nach Lösungsmöglichkeiten für die für ihre jeweilige Ebene spezifischen OKR zur Erreichung des Ziels und verständigen sich auf die dafür geeigneten Maßnahmen.

Bei dieser Vorgehensweise handelt es sich somit nicht mehr um eine Zielkaskadierung, sondern vielmehr um eine Zieltransformation, da sich die Ziele für die einzelnen Teams inhaltlich angepasst an die jeweilige Hierarchieebene verändern. Da die entwickelten OKR zum Abgleich natürlich wieder nach oben zurückgespielt werden müssen, spricht man in der Managementmethode Hoshin Kanri auch von dem sogenannten »Catchball-Prozess«.

Wichtig: Die Zieltransformation muss sich nicht an den Hierarchieebenen orientieren. Oftmals spielt in OKR-Projekten die klassische Hierarchie eine untergeordnete Rolle. Die Ausrichtung erfolgt vielmehr an den Teams und die OKR werden themen- bzw. prozessbezogen transformiert. *»Wenn es dem übergeordneten Zweck dient, können mehrere Hierarchieebenen übersprungen werden. Statt vom CEO zu einem Vice President, dann zu einem Direktor und weiter zu einer Abteilungsleiterin heruntergereicht zu werden, könnte* *ein Objective auch direkt vom CEO zur Abteilungsleiterin oder von einem Direktor zu einem einzelnen Mitarbeiter springen«* (Doerr, 2018, S. 90).

Zieltransformation ist kein einfaches Unterfangen. Man wird dabei immer wieder mit Problemen wie den folgenden konfrontiert:

- Schwierigkeit Nummer 1 liegt darin, dass operative Ziele auf der oberen Ebenen eine Rolle spielen und das Management sich damit schwertut, eher generische Ziele zu definieren.
- Schwierigkeit Nummer 2 zeigt sich darin, dass das Denken in Ursache-Wirkungs-Zusammenhängen nicht ausreichend vorhanden ist. Ziele lassen sich häufig nicht mathematisch aufgliedern und das ist bei diesem Vorgehen nach OKR-Logik auch gar nicht beabsichtigt. Vielmehr müssen die wesentlichen Hebel, die für die Zielerreichung maßgeblich sind, herausgearbeitet werden. Anschließend müssen einzelnen Schritte so überschaubar beschrieben werden, dass die OKR für die nächsten drei Monate geeignet sind.
- Schwierigkeit Nummer 3: Viele Führungskräfte wollen am liebsten den großen Elefanten erlegen. Das Denken in kleinen Schritten fällt häufig schwer. Das führt automatisch zur nächsten Schwierigkeit.
- Schwierigkeit Nummer 4: Sich auf kleine Pakete zu konzentrieren bedeutet auch, sich bewusst dafür zu entscheiden und darauf zu verständigen, was man eben nicht in den nächsten drei Monaten macht.

4.1.2 OKR-Transformationsbaum

Den genannten Schwierigkeiten können Sie begegnen, indem Sie Zieltransformationen schlicht und ergreifend üben. Deswegen arbeite ich in allen OKR-Projekten intensiv mit OKR-Transformationsbäumen: Sie beruhen auf der Basis einer einfachen Vorlage (siehe Abb. 17), die ausgesprochen effektiv ist – auf jeder Ebene!

Die Arbeit mit dem Transformationsbaum kann in neun Schritte untergliedert werden:

- Schritt 1: Bilden Sie ein Team mit max. vier Personen.
- Schritt 2: Definieren Sie mit dem Team ein übergeordnetes Ziel bzw. ein Unternehmensziel (Objective), mit dem Sie starten wollen.
- Schritt 3: Schreiben Sie dieses Objective in den obersten linken Kasten.
- Schritt 4: Legen Sie im Team fest, über wie viele Ebenen oder Teams Sie das Objective herunterbrechen wollen.

- Schritt 5: Bitten Sie das Team, für das oberste Objective max. drei Key Results zu identifizieren. Dabei ist noch nicht wichtig, ob die Key Results mit Zahlen hinterlegt sind. Es geht hier rein um die Logik.
- Schritt 6: Das Team soll sich jetzt überlegen, mit welchem Objective es auf das obere Objective oder auch das gesamte OKR-Set einzahlen möchte. Bitten Sie das Team, dieses in den zweiten Kasten von oben zu schreiben.
- Schritt 7: Nun geht es darum, für dieses Objective wiederum max. drei Key Results festzulegen und wieder ein Objective für die nächste Ebene auszuwählen, welches auf das übergeordnete Objective bzw. das OKR-Set einzahlt.
- Schritt 8: Fahren Sie fort, bis das Team die unterste Ebene erreicht hat.
- Schritt 9: Diskutieren Sie im Team die Sinnhaftigkeit und Logik der erarbeiteten Zusammenhänge.

Alternativ können Sie den Zieltransformationsbaum so gestalten, dass ein Key Result der oberen Ebene zum Objective der nächsten Ebene wird. Beispielsweise könnte wie in Abbildung 17 das Key Result »NPS von 30 auf 50 erhöhen« zum Objective der nächsten Ebene werden und »NPS signifikant erhöhen« lauten. Für dieses Objective erarbeiten Sie dann wieder entsprechende Key Results, von denen wieder ein Key Result zum Objective auf der nächsten Ebene wird etc. Welche Alternative Sie wählen, ist immer abhängig von der Ausgangssituation, und die Auswahl sollte im Team diskutiert werden.

Tipp

Lassen Sie sich den Transformationsbaum von unten nach oben erklären.

Die Abbildungen 17 und 18 zeigen OKR-Transformationsbäume einmal für eine IT-Umgebung und einmal für den industriellen Bereich. In beiden Beispielen wurde ausgehend von einem Ziel auf C-Level-Ebene oder Werkleitungsebene das Ziel über fünf Stufen bis auf Mitarbeiterebene heruntergebrochen. Während Abbildung 17 Key Results mit konkreten Werten beinhaltet, zeigt Abbildung 18 rein die Logik der Ursache-Wirkung-Beziehungen auf.

Abbildung 19 zeigt einen Fall, in dem das Alignment über Teams erfolgte. Ausgehend von dem Objective des Vorstands »Wir wollen profitabel und organisch wachsen«, überlegten sich die Bereichsleiter, bestehend aus Sales, Marketing und Produktmanagement, wie sie dieses Ziel

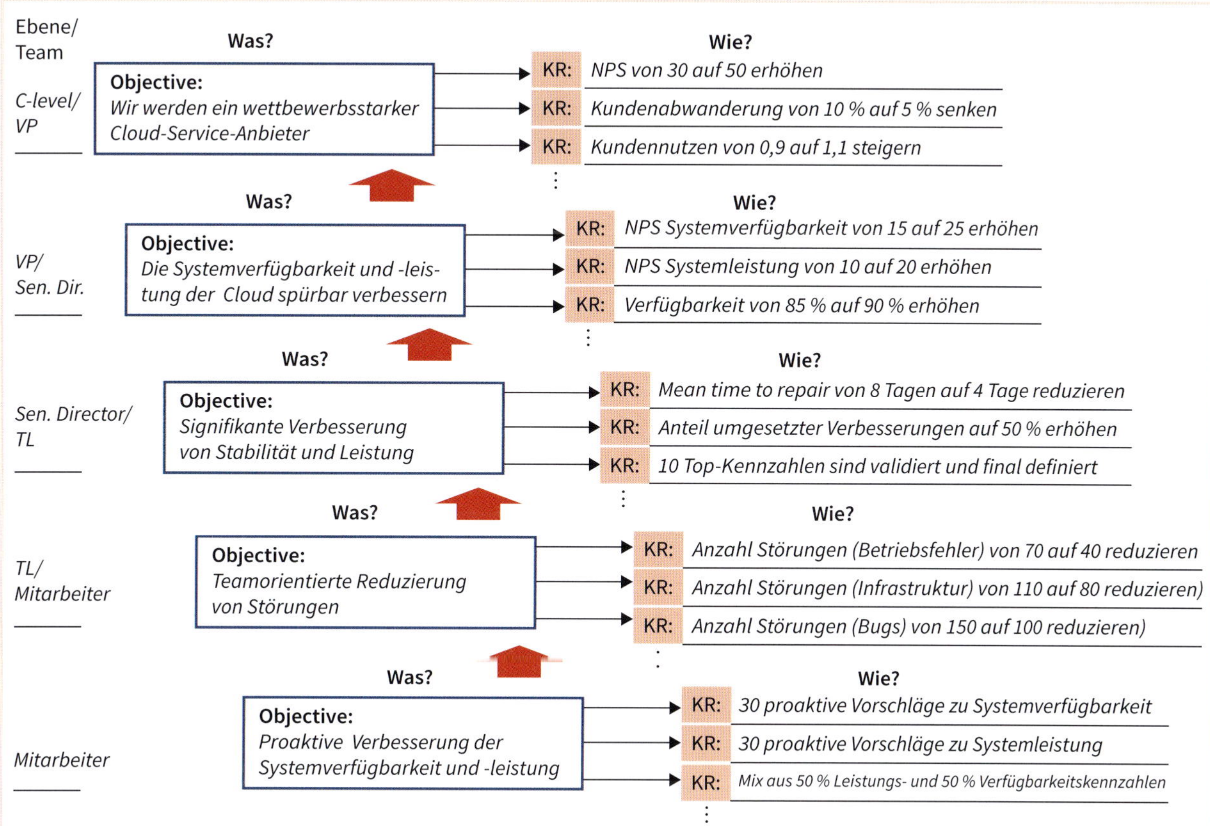

Abb. 17: Beispiel einer OKR-Transformation im IT-Bereich

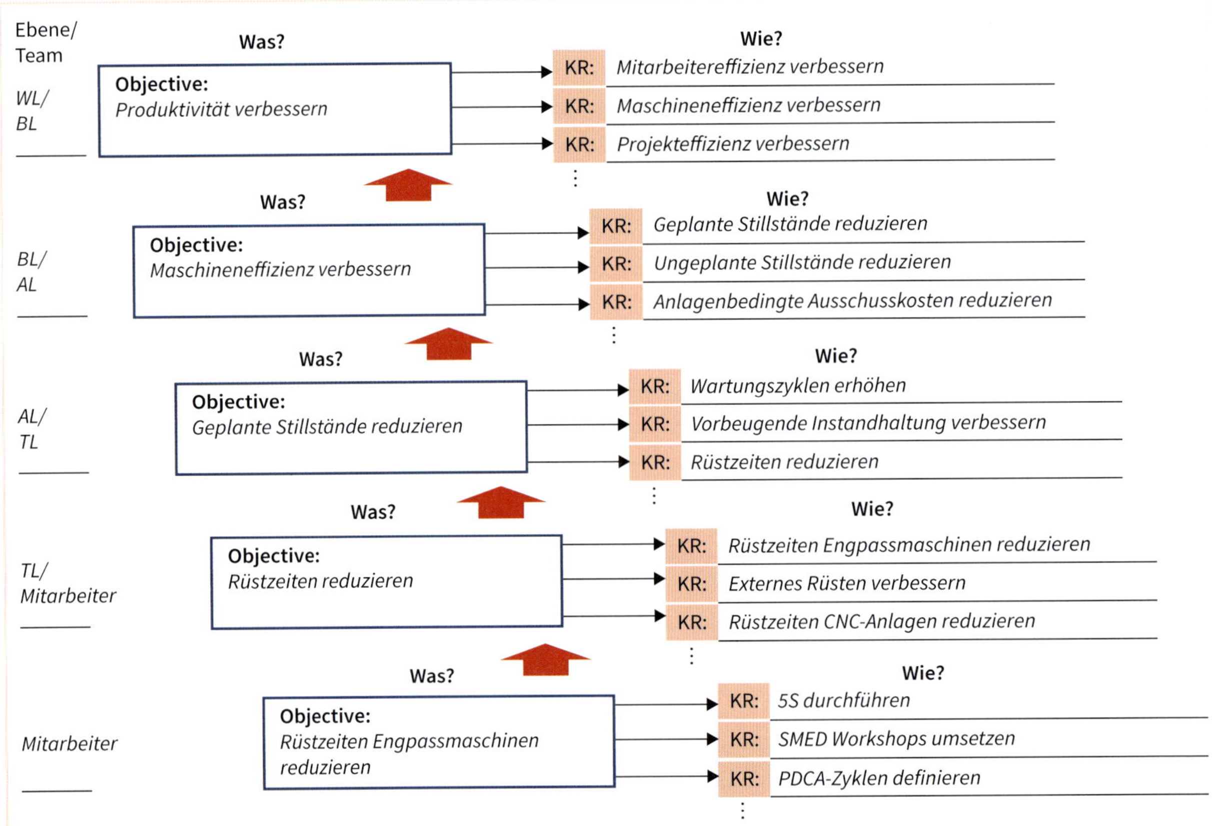

Abb. 18: Beispiel einer OKR-Transformation im industriellen Bereich

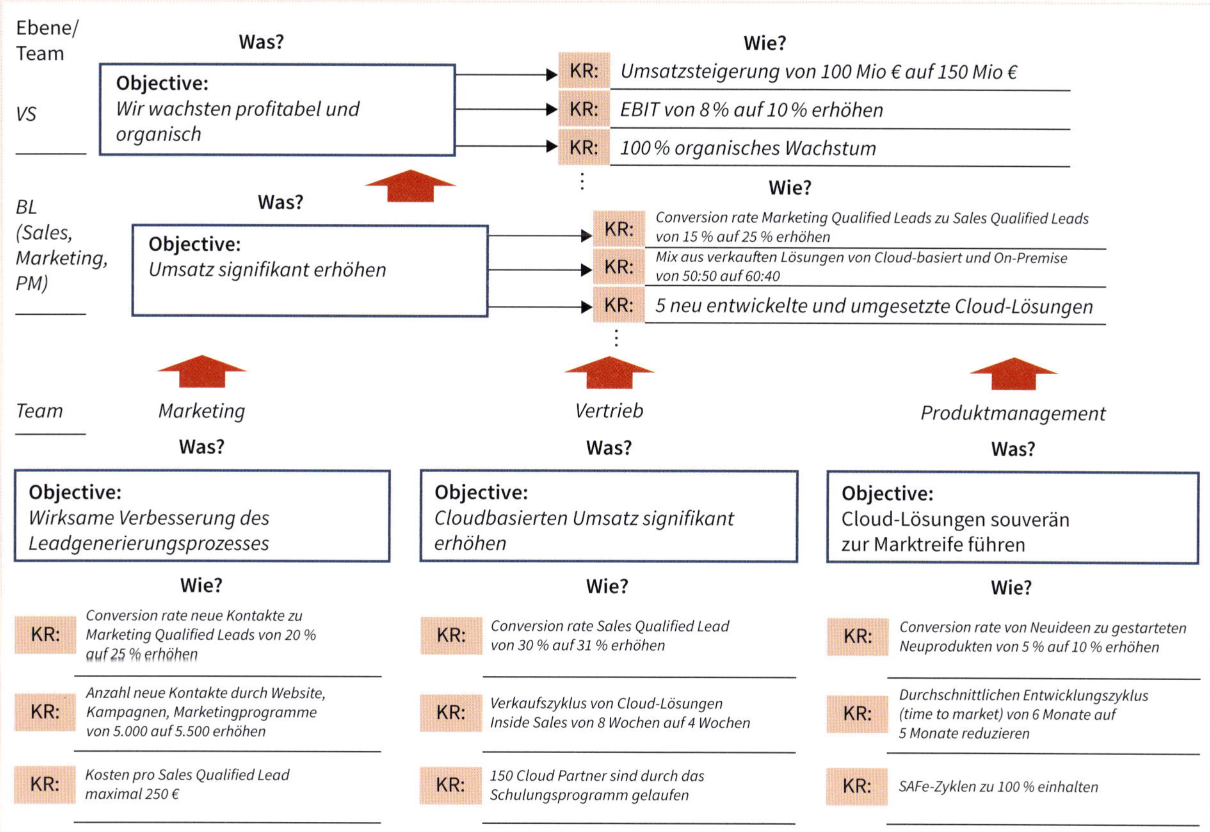

Abb. 19: Beispiel einer OKR-Transformation über Teams

beeinflussen können. Daraus ergab sich ein gemeinsames Objective, welches durch Key Results sowohl von Sales und Marketing als auch Produktmanagement beinflussbar war. Anschließend wurde cross-funktional über Teams erarbeitet, wie Team Marketing, Team Vertrieb und Team Produktmanagement mit ihren Objectives darauf einzahlen.

4.1.3 OKR-Alignment außerhalb der Hierarchie

Abbildung 20 zeigt eine Vorgehensweise, die eher einem holokratischen Ansatz näherkommt. Ausgehend von einem Unternehmensziel wird unabhängig von Hierarchiestufen erarbeitet, wer auf welches Objective bzw. Key Result einzahlt. Dabei stellen die blau umrandeten Kreise die Objectives, die rot umrandeten Kreise die Key Results und die gestrichelten Pfeile die Verbindungen zwischen Objectives und Key Results dar. Die grauen Kreislinien können Hierarchien, Projekt-, Programm- oder cross-funktionale Produktteams darstellen. In unserem Beispiel sind die Hierarchien abgebildet.

Unternehmensziel ist die Steigerung des Umsatzes. Das Produktmanagement, welches für die Entwicklung einer strategisch wichtigen Cloud-Lösung verantwortlich ist, zahlt durch das Objective »ersten Umsatz mit der INSPIROS-Lösung generieren« auf den Gesamtumsatz ein und wird unter anderem durch das Key Result der verkauften Lösungen gemessen. Um diese Cloud-Lösung zu entwickeln und zu vertreiben, werden nicht nur Ressourcen der benachbarten Bereiche benötigt, sondern diese sind auch für die Umsetzung von Key Results verantwortlich. Da es in diesen Fällen häufig zu Zielkonflikten kommt, bietet es sich an, dieses entsprechend zu visualisieren.

Verschiedene Verkaufsteams im Sales sind mit ihrem Objective dafür zuständig, dass Basis-Verkaufsprozesse mit den Fokuspartnern etabliert werden und haben dafür entsprechende Key Results definiert. Ihr Objective zahlt auf das Objective des Produktmanagements ein.

Zusätzlich arbeiten im Bereich Operations Teams mit ihren Key Results daran, dass beispielsweise durch die Erhöhung des NPS in Bezug auf die Bedienerfreundlichkeit sowie die Erhöhung der Verfügbarkeit das Objective »Umsatz mit INSPIROS-Lösung erhöhen« im Produktmanagement verbessert wird. Diese Key Results beeinflussen somit direkt ein Objective eines anderen Bereichs. Hingegen können diese Key Results wiederum durch Objectives innerhalb von Operations beeinflusst werden. Beispielsweise wirkt

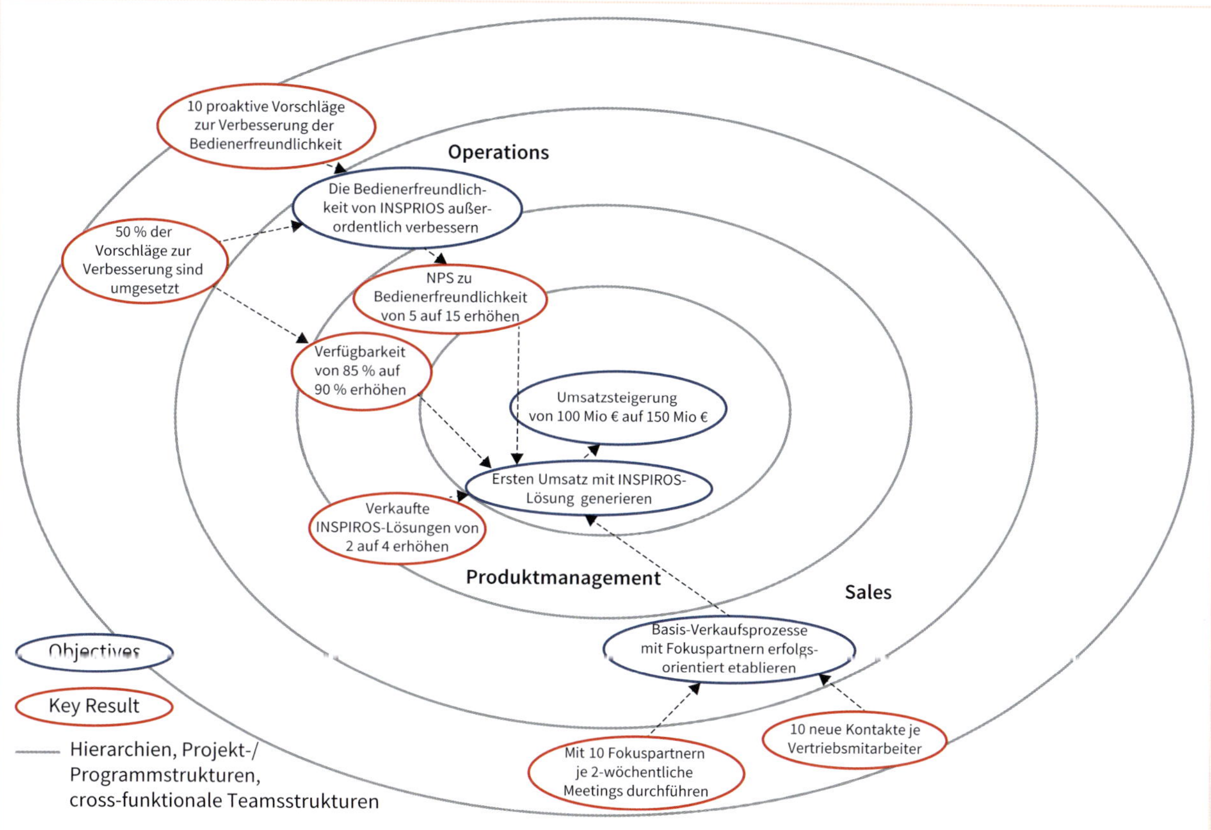

Abb. 20: Beispiel eines cross-funktionalen OKR-Alignments

4

innerhalb von Operations das Objective »Bedienerfreundlichkeit von INSPIROS außerordentlich verbessern« auf das Key Result »NPS Bedienerfreundlichkeit von 5 auf 15 erhöhen«. Dieses Objective wird wiederum durch weitere Key Results in Bezug auf proaktive Vorschläge zur Bedienerfreundlichkeit sowie einer Umsetzungsquote von Verbesserungsvorschlägen gemessen.

Zusammenfassend lässt sich festhalten, dass unabhängig von der Hierarchie und vom Bereich OKR untereinander vernetzt sein können. So können Objectives eines Bereichs direkt von Objectives von anderen Bereichen beeinflusst werden. Ebenso kann ein Objective von Key Results von anderen Bereichen eine Einwirkung erfahren.

Im Beispiel Abbildung 21 geht es ebenfalls um die Steigerung des Umsatzes. Hier wurden unabhängig von der Hierarchie Programme zur Weiterentwicklung des Unternehmens sowie cross-funktionale Produktteams zur Steigerung des digitalen Umsatzes definiert. Für alle drei Programme wurden Objectives mit zughörigen Key Results erarbeitet. Hinter jedem Programm hängt eine Projektstruktur mit ca. drei bis sechs Projektteams, die wiederum mit ihren Objectives und Key Results auf die Programme einzahlen. Bei den cross-funktionalen Produktteams gibt es ca. fünf bis acht Entwicklungsteams, die ebenso mit ihren Objectives und Key Results die Objectives der Produktteams beeinflussen. Die Entwicklungsteams selbst arbeiten auf der Basis der Scrum-Methode.

Mit diesem Ansatz agieren Sie erst einmal frei von Hierarchien und forcieren den Ansatz von selbstorganisierten Teams. Bedenken Sie jedoch, dass viele Unternehmen nach wie vor hierarchisch organisiert sind.

Dieses Beispiel bezieht sich lediglich auf einen Teil der gesamten Organisation. Wesentliche Bereiche, wie zum Beispiel Vertrieb oder Operations, die nach wie vor klassisch organisiert sind, sind hier noch nicht berücksichtigt. Möchte ein Unternehmen auch für diese Bereiche OKR definieren, gilt es natürlich die Pyramide oben rechts zu berücksichtigen.

Tipp

Wenn Sie in agilen Teams arbeiten und OKR unternehmensweit einführen wollen, kann durchaus auch ein Mix aus hierarchiefreiem OKR-Alignment und an der Hierarchie orientiertem OKR-Alignment Sinn machen.

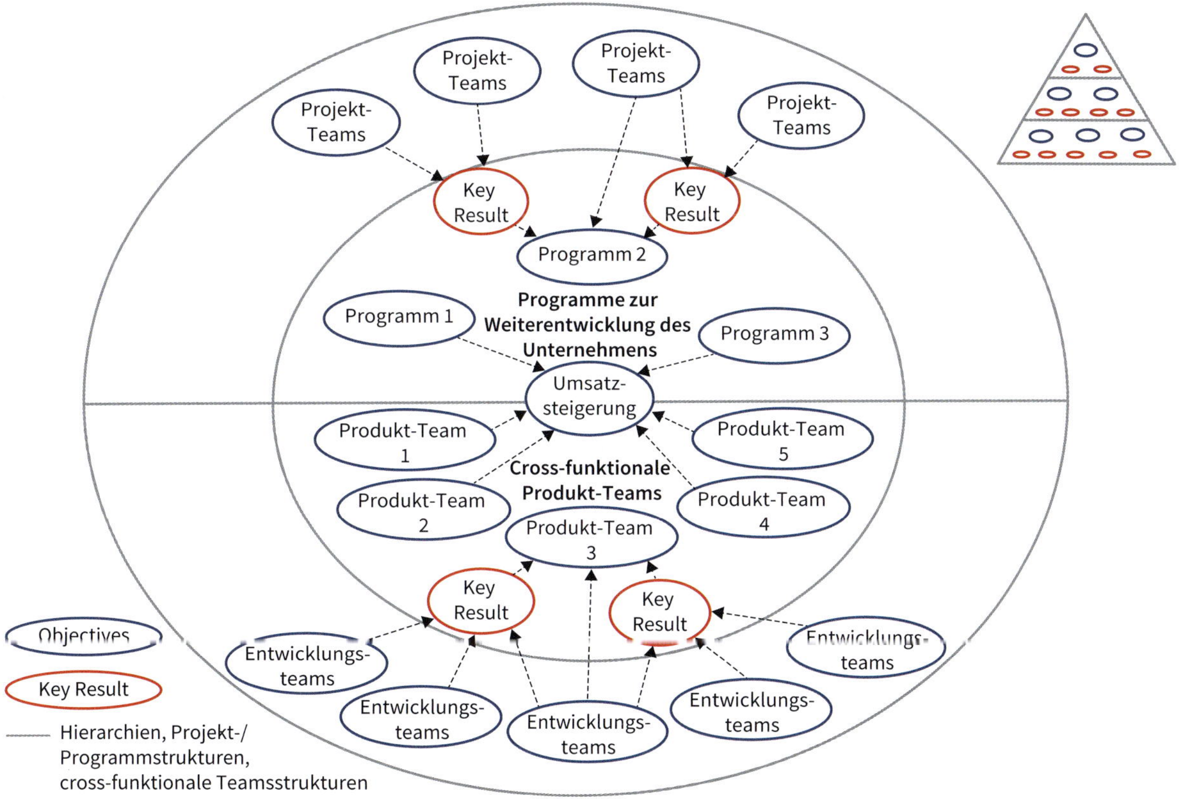

Abb. 21: Beispiel eines cross-funktionalen OKR-Alignments in Kombination mit Hierarchien

4

4.1.4 Top-down oder bottom-up: Welche Philosophie bei OKR?

Die Frage, die sich natürlich immer stellt, ist, wie stark die Unternehmensziele von oben, also top-down, vorgegeben werden. Je stärker Ziele top-down vermittelt werden, desto mehr entsteht bei den Mitarbeitern der Eindruck, dass Ihnen da doch wieder etwas von oben aufgezwungen wird. OKR verfolgt dagegen grundsätzlich die Philosophie, alle im Unternehmen Beteiligten in die Zielfindung und -erreichung einzubinden. Meine Erfahrung zeigt, dass gerade durch die Vorgehensweise der Zieltransformation mit der Entwicklung eigener Lösungsansätze die Mitarbeiter sehr stark miteingebunden werden und sich insofern auch stärker mit den Zielen identifizieren.

Eine Regel, die auch bei OKR häufig genannt wird, lautet: 70 % top-down und 30 % bottom-up. Das bedeutet, dass 70 % der OKR von oben vorgegeben werden und sich die nächsten Ebenen daran orientieren müssen, während sie auch zu 30 % eigene OKR definieren können. Der Vorteile liegen natürlich darin, dass zwar die Unternehmensführung die wesentlichen OKR vorgibt, dass sich die Mitarbeiter aber dennoch stark eingebunden fühlen und dass auch bereichsspezifische operative Themen integriert werden können. Der Nachteil dieser Regelung besteht darin, dass die Anzahl an OKR schnell zunimmt und dadurch die Gefahr besteht, dass der Fokus verloren geht.

Tipp

Inwieweit Sie diese Regelung zulassen, sollte Sie mit dem Management diskutieren.

4.2 OKR auf den Ebenen 2 und 3 – ein Beispiel aus der Praxis

Im Folgenden sind Beispiele für OKR auf den Ebenen 2 und 3 unseres Beispielunternehmens dargestellt. Dabei wurden in einem ersten Schritt OKR, abgeleitet von den Unternehmenszielen, für die Bereiche Marketing, Vertrieb, Produktmanagement, Operations und Human Resources (Ebene 2) definiert. Im zweiten Schritt wurden ausgehend von den Bereichs-OKR der Ebene 2 die OKR für die Abteilungen bzw. Teams (Ebene 3) definiert.

> **Tipp**
>
> Es ist wichtig, dass Sie bei der Erarbeitung der OKR bereits wissen, ob Sie OKR auf eine weitere Ebene oder auf weitere Teams herunterbrechen wollen. Davon abhängig wird sich die Auswahl der Key Results auf den oberen Ebenen anders gestalten.

In unserem Beispiel soll die Transformation der OKR auf eine dritte Ebene erfolgen. Zunächst werden also die wesentlichen OKR für die Ebene 2 herausgearbeitet, die auf das Wachstumsziel ausgerichtet sind. Das sind hauptsächlich OKR für Marketing und Vertrieb, bei denen es um die Steuerung des Vertriebsprozesses (Sales Funnel) geht.

4.2.1 Marketing (Ebene 2)

Das Marketing auf Ebene 2 verfolgt das Ziel, die Leadgenerierung zu verbessern, und bearbeitet somit die ersten Stufen des Sales Funnels:

- **Objective:** Die Effektivität der Leadgenerierung bedeutsam verbessern
- KR1: Conversion rate neue Kontakte zu Marketing Qualified Leads von 20 % auf 25 % erhöhen
- KR2: Conversion rate Marketing Qualified Lead zu Sales Qualified Lead (SQL) von 15 % auf 17 % erhöhen
- KR3: Marketingkosten im Verhältnis zum Umsatz von 25 % sicherstellen

Bei einem gut etablierten Sales Funnel sehen Sie bereits Wochen oder Monate im Voraus, wie sich der Neukunden-Umsatz entwickeln wird. Deswegen bildet das Objective für Marketing mit den ersten beiden KRs die ersten Stufen des Sales Funnels ab und kann nur Hand in Hand mit dem Vertrieb erfolgreich umgesetzt werden. Weiter unten werde ich darstellen, dass es zur horizontalen Abstimmung von OKR zwischen Bereichen Sinn macht, sogenannte Service-level Agreements (SLA) abzuschließen, um die jeweils zu erbringenden Leistungen im Hinblick auf die Zielerreichung transparent zu machen. Das Ziel des Marketingbereichs ist es, eine bestimmte Anzahl von geeigneten Leads zu generieren, die entsprechend durch den Vertrieb abzuarbeiten sind. Wenn es solche SLA nicht gibt, besteht die Gefahr, dass der Vertrieb mit der Anzahl und der Qualität von Leads nicht zufrieden ist und das Marketing immer den Zweifel hegt, ob der Vertrieb auch wirklich alles tut, um die schwer generierten Leads als Kunden zu gewinnen.

4

In KR3 wurde des Weiteren definiert, den Anteil der Marketingkosten im Verhältnis zum Umsatz auf dem bisherigen Niveau zu belassen.

Wie erwähnt, ist der Abstraktionsgrad durch die Prozentwerte auf dieser Ebene noch relativ hoch. Diese werden jedoch auf der dritten Ebene konkreter.

4.2.2 Marketing (Ebene 3)

Ziel auf der Abteilungsebene ist es nun, operativ den Leadgenerierungsprozess zu verbessern. Deswegen sind wir auf dieser Ebene viel konkreter und arbeiten vornehmlich mit konkreten Zahlen und nicht mehr mit Prozentwerten:

- **Objective:** Wirksame Verbesserung des Leadgenerierungsprozesses
- KR1: Anzahl neue Kontakte durch Website, Kampagnen, Marketingprogramme von 5.000 auf 5.500 erhöhen
- KR2: Anzahl Marketing Qualified Leads von 1.000 auf 1.375 erhöhen
- KR3: Anzahl Sales Qualified Leads von 150 auf 234 erhöhen
- KR4: Kosten pro Sales Qualified Lead maximal 250 Euro

Wichtig ist, dass die Mitarbeiter Messgrößen haben, die für sie beeinflussbar und leicht verständlich sind. Während auf der Ebene 2 die Conversion rates im Sales Funnel relevant waren, sind es nun entsprechende Frühindikatoren wie die Anzahl von Website-Besuchern, die Anzahl von Marketing Qualified Leads sowie die Anzahl der Sales Qualified Leads. Ebenso wurde als weiterer Key Result definiert, die Kosten pro Sales Qualified Lead zu beschränken.

4.2.3 Vertrieb (Ebene 2)

Der Marketingbereich hat potenzielle Kunden mit Kaufabsicht generiert. Diese sind es nun wert, dass sie persönlich von Sales-Mitarbeitern kontaktiert und möglichst zu Kunden umgewandelt werden. Deshalb wird der Vertrieb an der Erhöhung des Umsatzes gemessen:

- **Objective:** Cloudbasierten Umsatz signifikant erhöhen
- KR1: Umsatz Inside Sales von 5 Mio. auf 7 Mio. Euro erhöhen
- KR2: Conversion rate Sales Qualified Lead zu Kunden von 30 % auf 31 % erhöhen
- KR3: Verkürzung des Verkaufszyklus von Cloud-Lösungen Inside Sales von 8 Wochen auf 4 Wochen
- KR4: Umsatz Cloud-Partner von 25 Mio. auf 30 Mio. Euro

- KR5: Mix aus verkauften Lösungen von Cloud-basiert und On-Premise von 50:50 auf 60:40

In unserem Beispiel geht es nun darum, den Umsatz von Inside Sales zu erhöhen. Dies soll zum einen dadurch erreicht werden, dass mehr SQL zu Kunden umgewandelt werden und zum anderen, dass der Verkaufszyklus verkürzt wird. Daneben beinhalten die Key Results für den Vertrieb nicht nur Inside Sales, sondern auch den Umsatz, der mit dem Partnergeschäft gemacht wird. Insgesamt ist jedoch die große Klammer, dass eine Verschiebung von On-Premise-Lösungen (vor Ort installierter Software) zu Cloud-basierten Lösungen erfolgt.

4.2.4 Vertrieb (Ebene 3)

Auf der nächsten Ebene wird das Objective nun aufgeteilt, einmal in Sales durch Partnergeschäft und einmal in den Inside Sales.

OKR für Sales durch Partnergeschäfte:

- **Objective:** Leistungsorientierte Qualifikation der Cloud-Partner sicherstellen
- KR1: 150 Cloud-Partner sind durch das Schulungsprogramm gelaufen
- KR2: Das Partnerfeedback der Schulungen ist 1,4
- KR3: 5 Webinare zur Schulung von Cloud-Partnern sind entwickelt

OKR für Inside Sales:

- **Objective:** Etablieren eines überdurchschnittlich schnellen und effektiven Verkaufsprozesses für Cloud-Lösungen im Inside Sales
- KR1: Verkaufte Lösungen von 45 auf 72 Stück erhöhen
- KR2: Analyse des Verkaufsprozesses für drei Cloud-Lösungen
- KR3: Umsetzung von je drei Maßnahmen je Verkaufsprozess

Von der Logik her verläuft der Prozess ähnlich wie bei den Marketing-OKR. Auf Ebene 3 finden sich nun Frühindikatoren für die Ebene 2 wieder, die meist als absolute Zahlen definiert werden. Beispielsweise geht es bei den Partnern in diesem Quartal darum, die Qualifikation zu erhöhen, was wiederum auf den Umsatz mit Cloud-Partnern auf Ebene 2 einzahlt. Inside Sales hat sich für das kommende Quartal zum Ziel gesetzt, die Verkaufsprozesse zu verbessern. Das messen sie anhand der verkauften Lösungen

4

sowie daran, dass sie den Prozess von drei Cloud-Lösungen analysieren sowie bereits Maßnahmen umgesetzt haben wollen.

4.2.5 Produktmanagement (Ebene 2)

Das Produktmanagement hatte bisher eine große Schwäche in der Markteinführung von neuen Produkten. Dies soll für das kommende Quartal konsequent angegangen und gesteuert werden:

- **Objective:** Cloud-Lösungen souverän zur Marktreife führen
- KR1: Conversion rate von Neuideen zu gestarteten Neuprodukten von 5 % auf 10 % erhöhen
- KR2: Fünf neu entwickelte und umgesetzte Cloud-Lösungen
- KR3: Steigerung der Termineinhaltung von 50 % auf 75 %
- KR4: Durchschnittlichen Entwicklungszyklus (time to market) von sechs Monate auf fünf Monate reduzieren
- KR5: NPS zu Bedienerfreundlichkeit von 35 auf 40 erhöhen

In diesem Quartal wird sich das Produktmanagement auf mehrere KRs konzentrieren, um Cloud-Lösungen zur Marktreife zu führen. So spielt die Conversion rate von Neuideen zu gestarteten und umgesetzten Neuprodukten eine große Rolle. Dies wird durch die Termineinhaltung der Entwicklungsprojekte flankierend gesteuert werden. Insgesamt soll dadurch die Time-to-market reduziert werden. Letztendlich wird der Erfolg durch den Kunden anhand der Bedienerfreundlichkeit durch den NPS gemessen.

4.2.6 Produktmanagement (Ebene 3)

Auf Ebene 3 teilt sich das Objective in eine Verbesserung des Ideenprozesses und in die Verkürzung der Planungs- und Entwicklungszyklen auf.

OKR für die Verbesserung des Ideenprozesses:

- **Objective:** Einen vorzeigewürdigen Best-practice Ideenprozess etablieren
- KR1: Generierung von 50 Neuideen
- KR2: Fünf Neuideen werden als Prio-1-Ideen gemäß Kriterien definiert
- KR3: Priorisierte Prio-1-Ideen wurden zu 100 % Kundentests unterzogen

OKR für die Verkürzung der Planungs- und Entwicklungszyklen:

- **Objective:** Zuverlässiges Verkürzen von Planungs- und Entwicklungszyklen durch Implementieren von SAFe
- KR1: Reduzierung gemeldeter Bugs von 20 auf 10 pro Produkt
- KR2: SAFe-Zyklen zu 100 % einhalten
- KR3: Anteil automatisierter Tests von 20 % auf 35 % erhöhen
- KR4: 100 % Einhaltung der kontinuierlichen Up-date-Meeting zur Reduzierung von technischen Abhängigkeiten

Der Ideenprozess wird im folgenden Quartal dadurch verbessert, dass mehr Neuideen generiert werden sowie diese Neuideen eindeutiger als in der Vergangenheit bewertet werden. Das Unternehmen hatte in den Vorquartalen damit begonnen, das SAFe-Framework einzuführen. Nun geht es darum, gemeldeten Bugs zu reduzieren sowie die SAFe-Zyklen einzuhalten, automatisierte Test zu steigern sowie technische Abhängigkeiten zu reduzieren.

4.2.7 Operations (Ebene 2)

Die Leistung von Operations im Sinne der Systemverfügbarkeit und -leistung spiegelt sich stark in der wahrgenommenen Qualität durch den Kunden wider. Deswegen zahlt dieses OKR vornehmlich in den NPS ein.

- **Objective:** Die Systemverfügbarkeit und -leistung der Cloud spürbar verbessern
- KR1: NPS für Systemverfügbarkeit von aktuell 15 auf 25 erhöhen
- KR2: NPS für Systemleistung von aktuell 10 auf 20 erhöhen
- KR3: Verfügbarkeit von 85 % auf 90 % erhöhen
- KR4: Mean time to repair von acht Tagen auf vier Tage reduzieren
- KR5: Anteil umgesetzter Verbesserungen zu Verbesserungsideen von 50 %

Das Jahresziel lautet den unternehmensweiten NPS von 30 auf 50 zu steigern. Dieser wird regelmäßig in Unterkategorien wie Systemverfügbarkeit und Systemleistung gemessen. Da beide Unterkategorien unterschiedliche Ausgangswerte haben, sind die Zielwerte für das Quartal auch unterschiedlich. Neben der Kundenwahrnehmung werden auch für »harte« Werte wie die tatsächliche Systemverfügbarkeit sowie für die Wiederherstellungszeit (mean time to repair) klare Quartalsziele gesetzt. Um sicherzustellen, dass konsequent an den Zielen gearbeitet wird, wurde zusätzlich der Anteil umgesetzter Verbesserungsideen in Bezug auf Systemverfügbarkeit und -leistung als KR definiert.

4.2.8 Operations (Ebene 3)

Auf der dritten Ebene wird das Objective in drei OKR aufgeteilt: Systemstabilität, Systemverfügbarkeit und die Verbesserung der Transparenz der Kennzahlen.

OKR für Systemstabilität:

- **Objective:** Proaktive und spürbare Verbesserung von Stabilität und Leistung
- KR1: Anzahl Störungen aufgrund Betriebsfehler (zum Beispiel Serverausfall) von 70 auf 40 reduzieren
- KR2: Anzahl Störungen aufgrund der Infrastruktur von 110 auf 80 reduzieren
- KR3: Anzahl Störungen aufgrund von Bugs (Produktfehler) von 150 auf 100 reduzieren
- KR4: 30 proaktive Vorschläge zur Verbesserung der Systemleistung

OKR für Systemverfügbarkeit:

- **Objective:** Proaktive und teamorientierte Verbesserung der Systemverfügbarkeit
- KR1: Anzahl durchschnittliche Ausfallzeit pro Monat von 15 Stunden auf 5 Stunden reduzieren
- KR2: 30 proaktive Vorschläge zur Verbesserung der Systemleistung

OKR für die Verbesserung der Transparenz der Kennzahlen:

- **Objective:** Grundlegende Verbesserung der Transparenz von Verfügbarkeits- und Leistungskennzahlen
- KR1: Zehn Top-Kennzahlen sind validiert und final definiert
- KR2: Nutzer sind zu 100 % zufrieden
- KR3: 50 % Leistung und 50 % Verfügbarkeitskennzahlen
- KR4: Neue Kennzahlen sind zu 100 % in der gesamten Organisation kommuniziert

Beim Objective für Systemstabilität wurden auf Basis einer Pareto-Analyse die wesentlichen Störungen identifiziert. Für das kommende Quartal wird deswegen der Fokus auf Betriebsfehler, Störungen aufgrund der Infrastruktur und Bugs gelegt. Sowohl beim Objective für Systemstabilität als auch für Systemverfügbarkeit sollen proaktive Vorschläge seitens des Teams generiert werden. Neben den zwei performance-orientierten Kennzahlen geht es im letzten Objective um die Verbesserung der Kennzahlen-Transparenz im Bereich Operations.

4.2.9 Human Resources (Ebene 2)

Das Unternehmen hat sich mittelfristig zum Ziel gesetzt, den Top-Job-Award zu gewinnen. Ein wesentlicher Aspekt, den Human Resources hierfür verfolgt, ist die Verbesserung der Unternehmenskultur:

- **Objective:** Eine auszeichnungswürdige Unternehmenskultur schaffen
- KR1: 15 Workshops mit den Fachbereichen zur Maßnahmenerarbeitung werden von HR moderiert
- KR2: Das Teilnehmerfeedback beträgt 1,4
- KR3: Je Bereich sind drei Maßnahmen aus der Mitarbeiterbefragung umgesetzt

Bei diesem Objective handelt sich um ein Ziel, welches sicherlich nicht innerhalb des nächsten Quartals erreicht ist. Dennoch sind mit den KRs erste Messgrößen definiert worden, die darauf einzahlen. Dies sollte insbesondere durch die Aktivitäten vonseiten des HR-Bereichs erfolgen, wie zum Beispiel die Anzahl der durchgeführten Workshops durch den HR-Bereich sowie das erhaltene Feedback der Teilnehmer. Zusätzlich lässt sich HR an den umgesetzten Maßnahmen der Fachbereiche messen, welches eine klare Abstimmung mit den Bereichskollegen erfordert (siehe hierzu Kap. 4.3).

Tipp

Nicht immer lassen sich Objectives klar und eindeutig auf ein Quartal definieren. Je ambitionierter – also unbequemer und herausfordernder – sie formuliert sind, desto schwieriger wird dies. Zum anderen werden sie generischer formuliert sein, wenn die Objectives auf weitere Ebenen der Organisation heruntergebrochen werden sollen. Stellen Sie deswegen unbedingt sicher, dass die Key Results auf das Quartal ausgerichtet sind.

4.2.10 Human Resources (Ebene 3)

Das Team von Human Resources hat sich für das folgende Quartal zum Ziel gesetzt, das Thema Kultur zunächst auf der Topmanagementebene anzugehen. Hierfür sollen auf Führungsebene 1 Werte-Verhaltensprofile (siehe Kap. 2.3) erstellt und getestet sein. Daneben sollen der Rekrutierungsprozess sowie der Integrationsprozess neuer Mitarbeiter verbessert werden.

4

OKR für Werte-Verhaltensprofile auf Ebene 1:

- **Objective:** Eine auszeichnungswürdige Führungskultur auf der ersten Managementebene schaffen
- KR1: Für Führungsebene 1 sind Werte-Verhaltensprofile zu 100 % erstellt
- KR2: Die Werte-Verhaltensprofile sind bei allen Managern zu 100 % getestet
- KR3: Anpassungen aus den Tests sind zu 100 % umgesetzt

OKR für Rekrutierungsprozesse:

- **Objective:** Einen beispiellosen Rekrutierungsprozess etablieren
- KR1: Durchschnittliche Dauer von Bewerbung bis Einstellung von acht Wochen auf sechs Wochen reduzieren
- KR2: Je ausgeschriebene Stelle werden zehn Bewerbungen eingereicht

OKR für Integrationsprozesse:

- **Objetive:** Einen hochwirksamen Integrationsprozess neuer Mitarbeiter einführen
- KR1: Für 75 Kostenstellen ist je ein Pate definiert
- KR2: Alle sind zu 100 % gemäß Aufgabenbeschreibung geschult
- KR3: Allen 15 neuen Mitarbeiter wurde das Einarbeitungsprogramm vorgestellt

4.3 Horizontale OKR-Abstimmung

Der Ansatz von OKR verfolgt den Grundsatz der absoluten Transparenz. Damit soll nicht nur verfolgt werden, dass jeder im Unternehmen die OKR des anderen kennt. Vielmehr soll ein unternehmensweiter Abgleich der OKR und eine gemeinsame Ausrichtung erfolgen, um Silodenken, Zielkonflikte, Schnittstellenprobleme und Ressourcenengpässe möglichst zu vermeiden.

Gerade diese horizontalen und bereichsübergreifenden Abstimmungen und Vereinbarungen fehlen bei klassischen MbO-Prozessen. Es werden unzählige Zielvereinbarungen in Eins-zu-eins-Dialogen getroffen und vertikal vereinbart, jedoch werden in keiner Weise die Zusammenhänge oder Beziehungen zwischen benachbarten Bereichen oder Abteilungen berücksichtigt. Horizontale Zielabstimmung zwischen den Beteiligten derselben Ebene findet so gut wie nie statt.

Viele Unternehmen, die OKR einführen, begehen häufig schon auf Managementebene den Fehler, dass sie in diesen Eins-zu-eins-Dialogen mit der nächsten Ebene OKR vereinbaren.

Deswegen empfehle ich Ihnen, die OKR mit dem gesamten Management gemeinsam zwischen Ebene 1 und Ebene 2 zu erarbeiten (siehe Abb. 22).

Anschließend lassen Sie die Teams eine Art Servicelevel Agreements (SLA) ausarbeiten. Für OKR, die nur mit Unterstützung von anderen Bereichen umgesetzt werden können, muss abgestimmt werden, in welcher Form die Unterstützung erforderlich ist und ob bzw. wann die entsprechenden Ressourcen zur Verfügung stehen. Ähnlich einer Vorfahrtsregelung muss hier Klarheit geschaffen werden. Sehr häufig zeigt sich Unterstützungsbedarf in Rich-

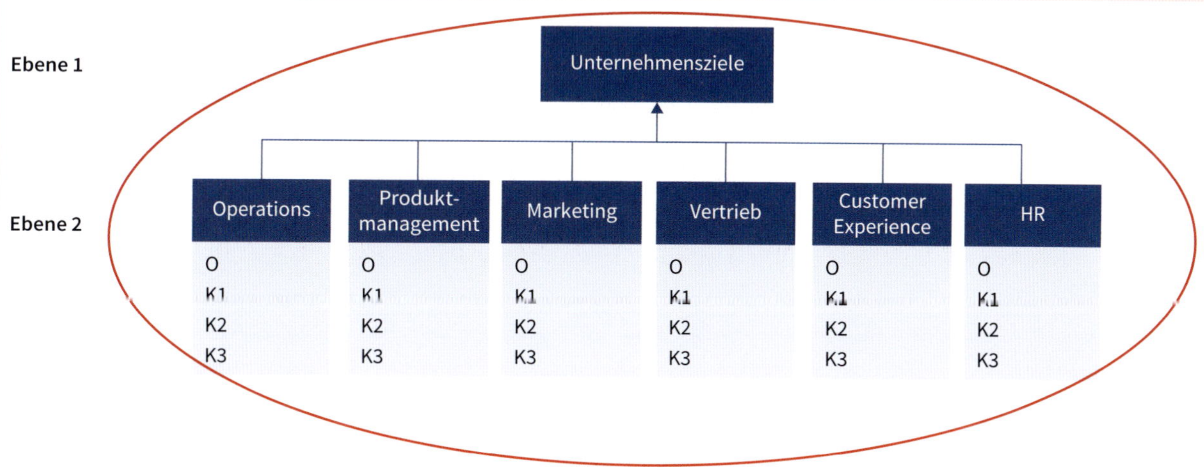

Abb. 22: OKR-Erarbeitung auf erster und zweiter Ebene

Leitfragen Verantwortlicher

- ☐ *Was benötige ich von meinem Unterstützer, um überhaupt starten zu können?*
- ☐ *Was benötige ich wann in der weiteren Umsetzung?*
- ☐ *Wo sehe ich Zielkonflikte?*
- ☐ *Falls Investitionen/Investitionsfreigaben notwendig sind:*
  - ☐ *Wie hoch sind diese?*
  - ☐ *Was benötige ich hier von meinem Unterstützer?*
- ☐ *Welche weiteren Informationen benötige ich in Bezug auf die Umsetzung?*
- ☐ *Ggf. welche Ressourcen benötige ich vom Unterstützer für die unterjährige Umsetzung?*
- ☐ *Ggf. welche Ressourcen benötige ich vom Unterstützer für die weitere Ziel-Planung?*

Objective

Key Results

Leitfragen Unterstützer

- ☐ *Was konkret wird von mir erwartet?*
- ☐ *Wann sollte was aus Sicht des Verantwortlichen vom Unterstützer beitragen werden?*
- ☐ *Wo sehe ich Zielkonflikte?*
- ☐ *Gibt es bereits eine Meilensteinplanung?*
- ☐ *Wo muss ich in jedem Fall miteingebunden sein?*
- ☐ *Wo benötige ich mehr Infos oder Zahlen, Daten, Fakten?*
- ☐ *Welcher Ressourcenbedarf wird von mir und meiner Abteilung benötigt?*
- ☐ *Falls Investitionen/Investitionsfreigaben notwendig sind:*
  - ☐ *Liegt bereits eine Investitionsplanung und -bewertung vor?*
  - ☐ *Ist der Impact auf strategische Ziele bewertet (z.B. Nutzwertanalyse)?*
  - ☐ *Liegt ein Ressourcenbedarf vor?*
- ☐ *Wo benötige ich eine bessere Priorisierung?*

Abb. 23: Leitfragen zur horizontalen Abstimmung

Objective:
Signifikante Reduzierung der Durchlaufzeiten bei den Top-3-Produktgruppen durch Implementierung von Wertstrom-Management

Verantwortlicher: Leiter Produktion

Was?	Bis wann?
Zurverfügungstellen der erforderlichen Ressourcen für die Schulungen und die Wertstrom-Analyse	Zu den jeweiligen Terminen
Aufbereiten von erforderlichen Zahlen, Daten, Fakten zu den jeweiligen Produktgruppen	Je bis zum 1.3, 1.4., 1.5.
Sicherstellen der Voraussetzungen für einen reibungslosen Ablauf bei den Vor-Ort-Analysen	Zu den jeweiligen Terminen

Unterstützer: Leiter Lean Management

Was?	Bis wann?
Schulung Abteilungsleiter und Verantwortliche in der Technik zum Wertstrom-Management	Bis 28.2.
Begleitung Analyse, Soll-Wertstrom Produktgruppe und Aufsetzen erster Maßnahmen Produktgruppe 1	Bis 31.3.
Begleitung Analyse, Soll-Wertstrom Produktgruppe und Aufsetzen erster Maßnahmen Produktgruppe 2	Bis 31.4.
Begleitung Analyse, Soll-Wertstrom Produktgruppe und Aufsetzen erster Maßnahmen Produktgruppe 3	Bis 31.5.
Konzept vor Visualisierung und Regelkommunikation	Bis 31.3.

Abb. 24: SLA – horizontale Abstimmung

4

tung zentraler Abteilungen wie IT, HR oder Controlling. Aber auch zwischen Fachbereichen wie Vertrieb, Produktion und Einkauf gibt es Alignment-Bedarf. Zur Vorbereitung empfehle ich sowohl den Verantwortlichen als auch den Unterstützern, die in Abbildung 23 genannten Leitfragen (Traffic Rules) zu verwenden.

Diese Traffic Rules helfen den Verantwortlichen bei der Priorisierung ihrer Ressourcen und können auch ein wichtiger Input für Investitionsentscheidungen sein.

Abbildung 24 zeigt ein Beispiel für ein SLA zwischen dem Leiter Produktion und dem Leiter Management. Hier geht es darum, dass der Leiter Produktion verantwortlich für die Reduzierung der Durchlaufzeiten ist. Um sein Ziel zu erreichen, ist er auf methodische Unterstützung von Lean Management angewiesen. Beide haben sich im Rahmen ihres SLA abgestimmt, wer was bis wann macht. Produktion muss dafür sorgen, dass alle notwendigen Rahmenbedingungen geschaffen sind und Lean Management plant daraufhin die Trainings ein.

Gerade Zentralabteilungen wie zum Beispiel IT, HR, Lean Management etc. müssen in vielen Bereichen bei der Zielumsetzung unterstützen und werden somit zum Engpass in der Organisation. Für diese Bereiche bieten sich die Erarbeitung von SLA oder Traffic Rules sehr gut an.

Tipp

In allen Fällen, bei denen Sie auf die Unterstützung von anderen Bereichen angewiesen sind, empfehle ich Ihnen, mit SLA zu arbeiten. Das spart Zeit und Irritationen im späteren Umsetzungsprozess. Beachten Sie dabei, dass die SLA nicht zu einem bürokratischen Regelwerk werden.

Für alle definierten Key Results werden abschließend die Planwerte sowie die Zielerreichungsgrade festgelegt.

4.4 Festlegung von Planwerten und Bewertung der Zielerreichung

Wie bereits beschrieben sind die Objectives qualitativ, die Key Results hingegen quantitativ definiert und somit messbar. Das bedeutet, dass man sich Gedanken machen muss, was der konkrete Zielwert für das nächste Quartal ist, wie man regelmäßig den aktuellen Status misst und wie der Zielerreichungsgrad beurteilt wird.

- **Schritt 1:** Prüfen Sie, ob zu dem definierten Key Result ein aktueller Wert, der sogenannte Jumping-off Point

(JOP), existiert. In Abhängigkeit davon lässt sich beurteilen, wann ein Quartalsziel als ambitioniert gilt. In Beispiel 1 (siehe Abb. 25) haben wir bei einem JOP von 85 % Verfügbarkeit und einem Quartalsziel von 90 % eine Steigerung von 6 %, während es sich in Beispiel 2 (siehe Abb. 26) um eine Steigerung von 80 % handelt. Generell sollte das Key Result ambitioniert sein und bei erstrebenswerten Zielen nur sehr schwer erreichbar. Dennoch kann eine 6-%-Steigerung genauso ambitioniert sein wie in anderem Kontext eine 80-%-Steigerung. Deswegen schauen Sie sich, wenn möglich, historische Daten an und lassen Sie das Team einschätzen, wie zuversichtlich die Beteiligten sind, das Ziel zu erreichen. Eine Einschätzung von 50-%-Wahrscheinlichkeit deutet auf ein eher schwer erreichbares Ziel hin.

- **Schritt 2:** Legen Sie fest, in welchen Zyklen eine Ist-Messung erforderlich ist. Danach richtet es sich, ob eine Monatsplanung (Beispiel 1) oder sogar eine Wochenplanung (Beispiel 2) Sinn macht. Natürlich können Sie darüber nachdenken, inwiefern eine nicht-lineare Planung innerhalb eines Quartals sinnvoll ist. Dennoch empfehle ich Ihnen, die Planung nicht unnötig komplex zu machen und nur in Ausnahmefällen (zum Beispiel bei saisonalen Effekten) degressiv oder progressiv innerhalb eines Quartals zu planen.

Beispiel 1

Key Result	JOP		**Jan**	**Feb**	**März**	**Quartalsziel März**
Erhöhung der Verfügbarkeit [%]	85 %	Plan	87 %	88 %	90 %	90 %
		Ist				
					Steigerung	6 %

Abb. 25: Überprüfung der Key Results, Beispiel 1

Beispiel 2

Key Result	JOP		w1	w2	w3	w4	w5	w6	w7	w8	w9	w10	w11	w12	Ziel Q1
Erhöhung der Verfügbarkeit [%]	50 %	Plan	53 %	57 %	60 %	63 %	67 %	70 %	73 %	77 %	80 %	83 %	87 %	90 %	90 %
		Ist													

Steigerung 80 %

Abb. 26: Überprüfung der Key Results, Beispiel 2

- **Schritt 3:** Legen Sie nun die Zielerreichungsgrade fest.

Generell unterscheidet OKR zwischen verschieden Zielerreichungslogiken. Wie oben beschrieben, sollten verbindliche Ziele zu 100 % erreicht werden, während erstrebenswerte Ziele nicht zu 100 % erreicht werden sollen. Bei Google gelten laut Doerr beispielsweise folgende Regeln für die Zielerreichung:

- **Zwischen 70 % und 100 %:** Das Key Result sollte nur in Ausnahmefällen zu 100 % erreicht werden. Ein Nicht-Erreichen bedeutet, dass an einem ambitionierten Ziel gearbeitet wird. 70 % ist ein Level, welches als ambitioniert gilt und bei Erreichung eine grüne Ampel bedeutet.
- **Größer 30 % und kleiner 70 %:** Das Ziel wurde zwar nicht erreicht, zeigt aber auf, dass ein Fortschritt über das Quartal verzeichnet werden kann. Befindet sich der Wert nah an 30 %, deutet es darauf hin, dass sich ggf. nicht viel bewegt hat.
- **Kleiner 30 %:** Die Zielerfüllung des Key Results wurde untertroffen und innerhalb des Quartals wurde ein unzureichender Fortschritt erreicht. Das Ziel gilt als nicht erfüllt und kann ggf. in das nächste Quartal mitübernommen werden.

Inwieweit diese Regelung sinnvoll ist, sollten Sie für jedes Key Result separat überprüfen. In Beispiel 3 (siehe Abb. 27) wurde die Zielerreichung mit den eben beschriebenen

Beispiel 3

Legende Ampel:	
≥ 70 % und ≤ 100 %	grün
≥ 40 % und < 70 %	gelb
< 40 %	rot

Key Result	JOP		Jan	Feb	März	Quartals-ziel März
Erhöhung der Verfügbarkeit [%]	85 %	Plan	87 %	88 %	90 %	90 %
		Ist	83 %	82 %	81 %	
	Ziel-Erreichung		96 %	93 %	90 %	
				Fortschritt		–5 %

Abb. 27: Planwerte, Zielerreichung, Beispiel 3

Zielerreichungsgraden definiert. Der JOP beträgt 85 % und das Quartalsziel wurde mit 90 % beplant. Obwohl wir eine Verschlechterung sowohl in Bezug zum JOP als auch im Fortschritt über das Quartal haben (-5 %), werden die Ist-Werte mit »grün« angezeigt.

In Beispiel 4 (siehe Abb. 28) beträgt der JOP 50 % und der Zielwert 90 %. Die Ist-Werte werden mit grün angezeigt, obwohl das Ziel nicht erreicht wurde. Dennoch können wir einen positiven Fortschritt von 26 % verzeichnen.

Beispiel 5 (siehe Abb. 29) zeigt eine alternative Bewertung von Zielerreichungsgraden. Hier schaltet die Ampel bereits bei einem Zielerreichungsgrad von kleiner 100 % auf gelb und bei kleiner 95 % auf rot. Diese »strengere« Beurteilung erscheint im Vergleich zu Beispiel 3 sinnvoller, da die Ver-

4

Beispiel 4

Legende Ampel:	
≥ 70 % und ≤ 100 %	grün
≥ 40 % und < 70 %	gelb
< 40 %	rot

Key Result	JOP		Jan	Feb	März	Quartalsziel März
Erhöhung der Verfügbarkeit [%]	50 %	Plan	63 %	77 %	90 %	90 %
		Ist	52 %	56 %	63 %	
		Ziel-Erreichung	82 %	73 %	70 %	
				Fortschritt		26 %

Abb. 28: Planwerte, Zielerreichung, Beispiel 4

schlechterung zum Ausgangswert und die negative Tendenz mit gelb bzw. rot dargestellt werden.

Sie sollten sich allerdings bewusst sein, dass der Umgang mit Zielerreichungsgraden nicht einfach ist und viel Übung erfordert. Falsch interpretierte Zielerreichungsgrade können zu Demotivation und Fehlsteuerung führen.

Tipp

Ich empfehle Ihnen, die Ist-Werte kritisch zu beurteilen. Zum einen sollten Sie immer eine Selbstbeurteilung durch das Team durchführen lassen und zum anderen bei Bedarf die Bewertung anpassen.

Beispiel 5

Legende Ampel:		
	≥ 100 %	grün
	≥ 95 % und < 100 %	gelb
	< 95 %	rot

Key Result	JOP		Jan	Feb	März	Quartalsziel März
Erhöhung der Verfügbarkeit [%]	85 %	Plan	87 %	88 %	90 %	90 %
		Ist	83 %	82 %	81 %	
	Ziel-Erreichung		96 %	93 %	90 %	
				Fortschritt		–5 %

Abb. 29: Planwerte, Zielerreichung, Beispiel 5

Die aufgeführten Beispiele machen in dieser Form nur Sinn, wenn es auch innerhalb des Quartals entsprechende Ist-Werte gibt. Ist eine Ist-Messung nicht möglich, kann lediglich eine subjektive Einschätzung zum Fortschritt auf Basis von umgesetzten Maßnahmen erfolgen.

Tipp

Gemäß dem Grundsatz »What you can't measure, you can't manage« empfehle ich Ihnen, möglichst zu versuchen, die KR messbar zu machen. Es ist immer wieder erstaunlich, wie viele Daten es in Unternehmen gibt, obwohl häufig Aussagen kommen wie: »Das messen wir nicht« oder »Das lässt sich nicht messen«. Seien Sie an dieser Stelle hartnäckig!

4

Ablauf von OKR-Workshops und Planungsprozessen

Erfahrungsgemäß wird jede OKR-Einführung von vielen Führungskräften und Mitarbeitern als »on-top«, also als zusätzliche Arbeit zum bisherigen Tagesgeschäft gesehen. Deswegen sollten Sie sich bei jeder OKR-Einführung Gedanken machen, wie Sie den gesamten Planungsprozess und auch die einzelnen OKR-Workshops möglichst schlank, aber effektiv gestalten. Sicherlich werden Sie im ersten Jahr der Einführung mehr Zeit benötigen als in den Folgejahren. Dies sollten Sie entsprechend einplanen.

Ablauf von OKR-Workshops

Planen Sie für OKR-Workshops zwei Tage ein, wenn Sie den Prozess zum ersten Mal durchlaufen. Verwenden Sie den ersten halben Tag mit dem Training der OKR-Transformationsbäume anhand der eigenen Unternehmensziele (siehe Abb. 30). Dadurch bekommen die Teilnehmer ein erstes Gefühl hinsichtlich der Flughöhe ihrer OKR. Das bedeutet, dass die Teams ihre OKR so definieren, dass sie weder zu operativ noch zu strategisch sind. Insbesondere aber sollten sie auch beeinflussbar sein. Arbeiten Sie anschließend mit Moderationskarten oder Post-its, um die OKR zu erarbeiten. Ich verwende eigens entwickelte und beschriftete Moderationskarten.

Es hat sich bewährt, die Teilnehmer in Kleingruppen (Zweier- oder Dreier-Teams) Vorschläge für ihre OKR ausarbeiten zu lassen. Dabei sollen sie festlegen, auf welches Unternehmensziel das jeweilige OKR am meisten einzahlt und wen sie für die Umsetzung benötigen. Es hat sich bewährt, dass jeder maximal zwei OKR ausarbeitet. Alle Vorschläge werden vorgestellt, priorisiert, überarbeitet und verabschiedet.

4.5 Der OKR-Planungsprozess

Abbildung 31 zeigt eine beispielhafte Ablaufplanung über vier Hierarchieebenen bei einem Geschäftsjahreswechsel zum Januar. Spätestens Mitte Oktober sollten (1) der Strategieentwicklungsprozess beendet und die Unternehmensziele definiert sein. Anschließend erarbeiten (2) der Vorstand und die nächste Ebene (Bereichsleiter) die OKR für die Bereichsleiter. Die Ergebnisse gilt es anschließend den Abteilungsleitern (3) vorzustellen. Danach kann die nächste Ebene (in unserem Beispiel Bereichsleiter mit ihren Abteilungsleitern) die OKR auf der nächsten Ebene erarbeiten (4) und auf ihrer Ebene horizontal abstimmen bzw. notwendige Personen zu den OKR-Workshops einladen. In Abhängigkeit von der Anzahl der zu erarbeiteten

Tag 1:

Zeit	Thema
8:30	Intro über OKR und festgelegte Ziele auf Corporate-Ebene
9:30	OKR-Training zur Zieltransformation
12:00	Mittag
13:00	Erarbeitung OKR auf 2nd level in Kleingruppen
16:30	Vorstellen, Diskussion und Verabschieden
17:30	Review 1. Tag
18:00	Ende

Tag 2:

Zeit	Thema
8:30	Review 1. Tag
9:00	Schärfung OKR-Set in Kleingruppen
10:00	Horizontale Abstimmung durch Erarbeitung der Vorfahrtsregeln
12:00	Mittag
13:00	Festlegen von Planwerten und Zielerreichungsgraden für Key Results
16:30	Vorstellung, Diskussion und Verabschiedung
17:30	Nächste Schritte und Feedback

Abb. 30: Beispielhafte Agenda eines OKR-Workshops auf Ebene 1 und 2

OKR auf der Ebene Bereichs- und Abteilungsleiter dauert der Prozess zwischen zwei und vier Wochen. Nach Fertigstellung der OKR findet dann die (5) offizielle Verabschiedung bottom-up statt, in dem die zweite Ebene (hier Bereichsleiter) die Ergebnisse aus ihren Workshops mit ihren Abteilungsleitern dem Vorstand vorstellen. Die Kommunikation an die Teamleiter (6) und die Erarbeitung der Team-OKR (7) und (8) verläuft ähnlich wie auf der zweiten Ebene, wobei jeweils ein Tag für die Erarbeitung der OKR für die Teamleiterebene ausreicht.

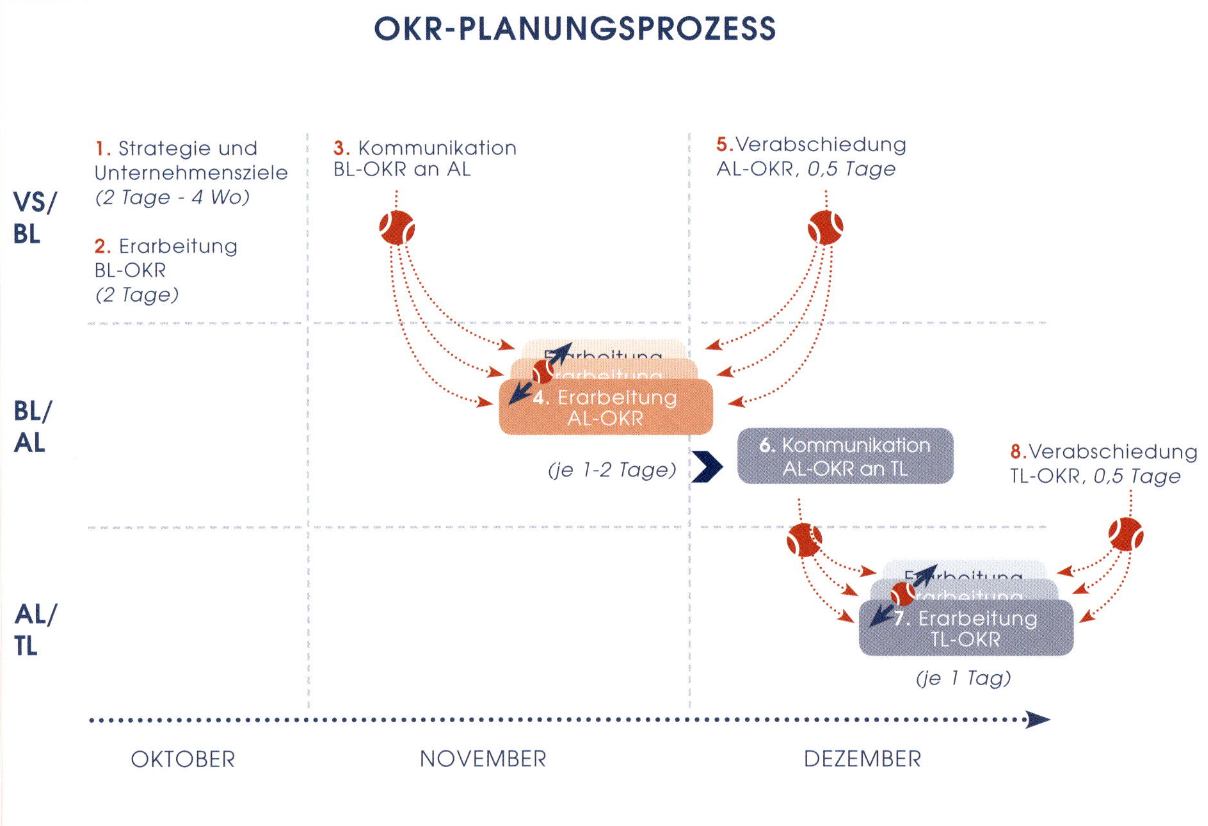

Abb. 31: OKR-Planungsprozess

Bitte beachten Sie, dass diese Darstellung den Ablauf und die Zeitdauer darstellt, wenn Sie zum ersten Mal OKR erarbeiten. In den Folgequartalen sollte die Neudefinition maximal einen halben Tag je Ebene dauern.

Zu beachten gilt es ebenso, dass Projektvorbereitung und -planung eine gewisse Zeit in Anspruch nehmen. Hierzu zählt, dass

- mit dem Topmanagement die Ziele bei der Einführung von OKR geklärt werden müssen,
- involvierte Personen und deren Rollen festgelegt werden,
- die Festlegung und Verabschiedung des Projektplanes erfolgten,
- das Kickoff-Meeting mit der zweiten Führungsebene vorbereitet wird,
- eine Abstimmung mit dem Betriebsrat erfolgt,
- ein Kommunikationsplan erarbeitet wird.

KAPITEL 5

UNTERJÄHRIGER UMSETZUNGSPROZESS

5 Unterjähriger Umsetzungsprozess

Abbildung 32 zeigt, wie sich der unterjährige Umsetzungsprozess bei OKR generell gestaltet. Nach der erstmaligen OKR-Planung im Vorjahr startet die Umsetzung innerhalb des ersten Quartals sowie die Fortschrittsbeurteilung im Rahmen von wöchentlichen und monatlichen OKR-Reviews. Zum Ende des 1. Quartals befasst man sich bereits mit neu zu entwickelnden OKR, sodass diese möglichst zu Beginn des 2. Quartals vorliegen. Inwieweit neue OKR festgelegt werden müssen, hängt natürlich von der Erreichung der OKR für das 1. Quartal ab. Anschließend startet die Umsetzung in gleicher Weise für das 2. Quartal.

Tipp

Überlegen Sie sich, inwieweit im ersten Jahr eine quartalsweise Definition von OKR Sinn macht, insbesondere, wenn Sie ein größeres Unternehmen führen und für mehrere Ebenen OKR definiert haben. Überfordern Sie die Organisation nicht mit einem zu schnellen Vorgehen. Scheuen Sie sich nicht, im ersten Jahr lieber auf eine sechsmonatliche Anpassung überzugehen, bevor Sie die Organisation lahmlegen. Viel wichtiger ist, dass zwischen den Zyklen konsequent an der Umsetzung gearbeitet wird.

5.1 Die Rolle der Führungskräfte

Seien Sie sich bewusst, dass die Einführung von OKR immer »on top«, also zusätzlich zum bisherigen Tagesgeschäft erfolgt. Das heißt, dass nicht jeder Beteiligte von einer OKR-Einführung begeistert sein wird bzw. sofort den Sinn erkennt. Deswegen ist meine Empfehlung, die Führungskräfte in ihrer Rolle intensiv zu trainieren und zu begleiten.

Bevor wir auf die Durchführung von OKR-Reviews kommen, ist es deshalb wichtig, dass Führungskräfte ihre Rolle in der unterjährigen Umsetzung kennen und verstehen, warum Verbesserungsarbeit so wichtig ist.

In meinen OKR-Trainings für Führungskräfte starte ich immer mit der Frage: »Warum benötigen wir OKR und warum müssen wir uns überhaupt verbessern?« Nehmen wir an, wir haben einen Prozess, der heute 100 Euro erwirtschaftet (siehe Abb. 33). Wenn wir nun diesen Prozess einfach so weiterlaufen lassen wie bisher und nichts daran ändern – wie viel wird dieser Prozess voraussichtlich in einem Jahr erwirtschaften? Sicherlich weniger, da allein

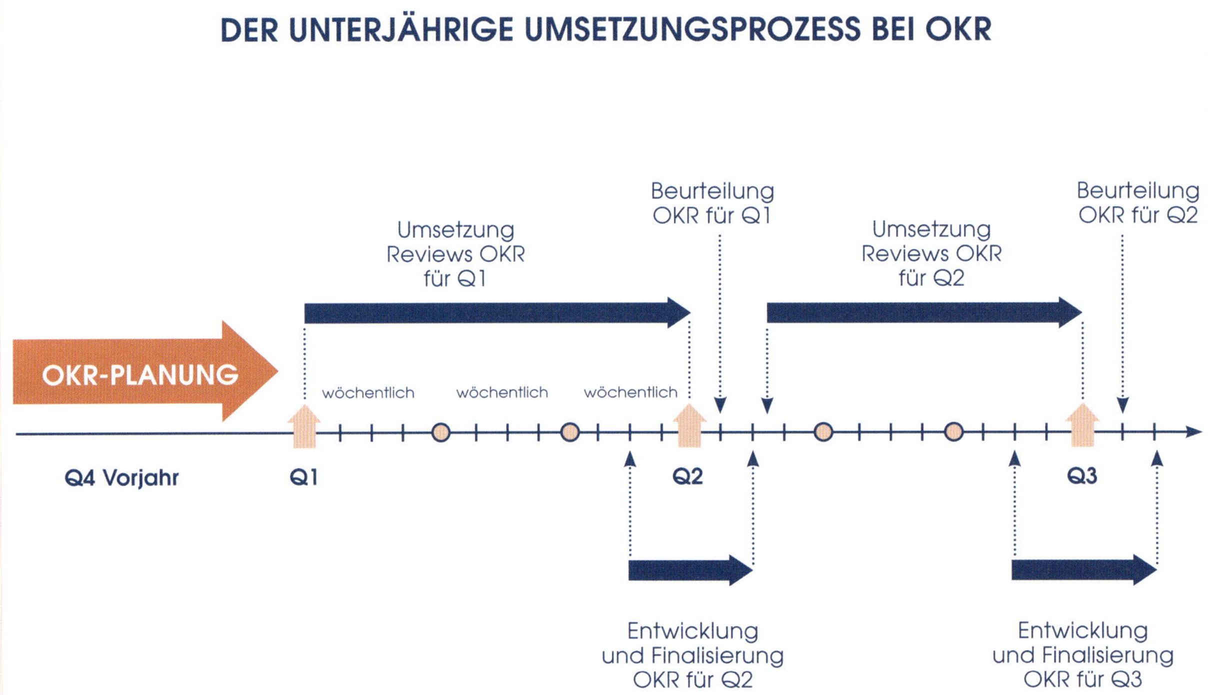

Abb. 32: Der unterjährige Umsetzungsprozess bei OKR[1]

1 In Anlehnung an: Startup Lab workshop: How Google sets goals: OKR. Online verfügbar unter: https://www.youtube.com/watch?v=mJB83EZtAjc [abgerufen: 22.11.2019]

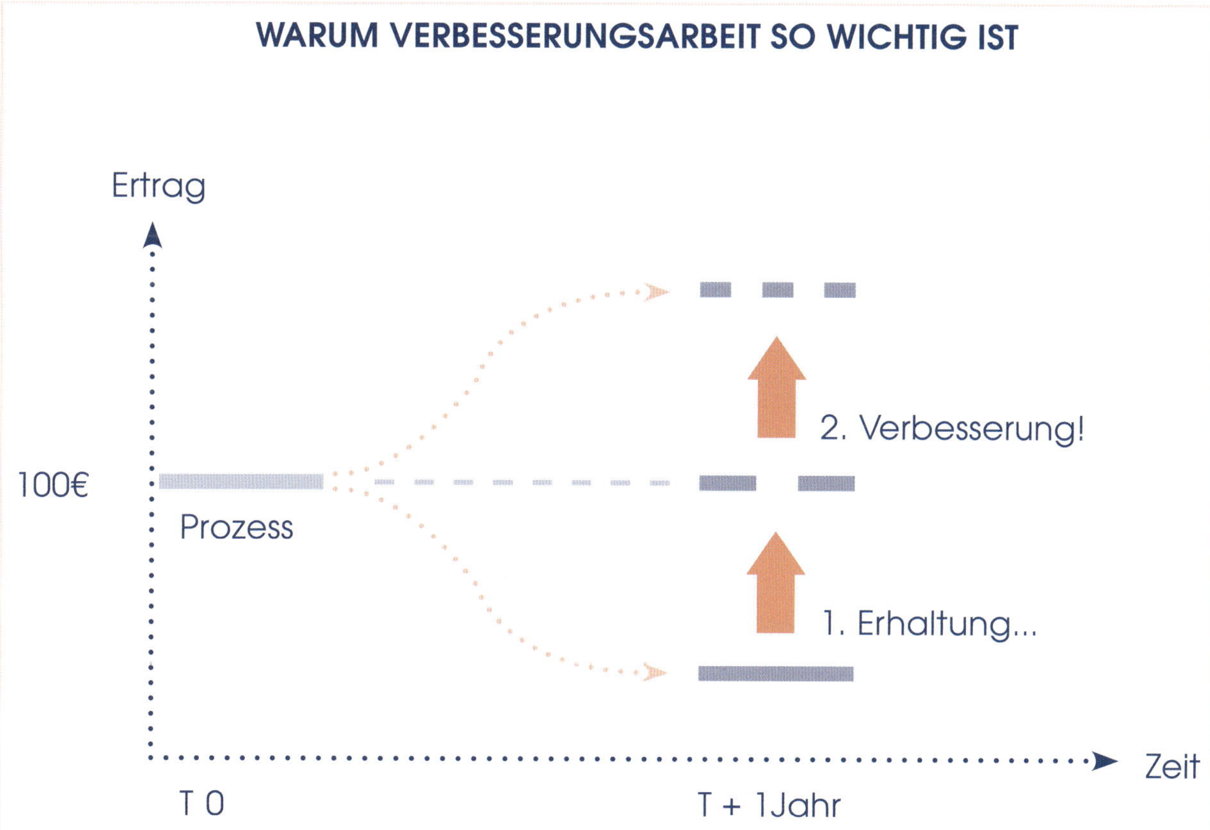

Abb. 33: Warum Verbesserungsarbeit so wichtig ist

schon äußere Rahmenbedingungen wie Inflation oder Kostensteigerungen Einfluss darauf nehmen. Das heißt, die Verschlechterung erfolgt automatisch und man muss mit mindestens 1–2 % weniger Ertrag in einem Jahr rechnen. Bei einigen hundert Prozessen pro Unternehmen kommt da einiges zusammen.

Wenn wir nun wollen, dass der Prozess weiterhin 100 Euro erwirtschaftet, dann müssen wir den Prozess regelmäßig verändern bzw. verbessern. Vorausgesetzt, dieser Prozess soll künftig mehr als 100 Euro erwirtschaften, ist anzunehmen, dass wir noch mehr verbessern müssen. Letztendlich ist Ersteres nichts anderes als die reine Erhaltung des Ertrags und keine wirkliche Verbesserung. Es gehört gewissermaßen zum Pflichtprogramm eines jeden im Unternehmen.

Erst eine strukturierte und zielorientierte Verbesserung ermöglicht es uns, eine tatsächliche Leistungssteigerung zu erreichen. Führungskräfte müssen deshalb verstehen, wie wichtig zielorientierte Verbesserungsarbeit ist und dass man Verbesserung nicht einfach zwischendurch erreicht. Und schon gar nicht sollte sie als lästiges Übel betrachtet werden.

Im Gegenteil, es wird Führungskräften helfen, ihre Ressourcen effizienter einzusetzen. Stellen Sie sich eine Kugel vor, an der an allen Seiten gezogen wird. In welche Richtung wird sie sich bewegen? Sie wird stehen bleiben. Angenommen aber, Sie ziehen an einer bestimmten Seite – dann wird sich die Kugel bewegen. Insofern stellt sich nicht die Frage: »Was **können** wir verbessern?«, sondern vielmehr: »Was **müssen** wir verbessern?«

Tipp

Thematisieren Sie mit Ihren Führungskräften die Notwendigkeit von zielorientierter Verbesserungsarbeit. Die Logik in Abbildung 33 hilft Ihnen dabei.

Die Erfolgskette

Also: Gute Prozesse führen zu guten Ergebnissen. Aber wo kommen die guten Prozesse her? Von den guten Mitarbeitern, die fähig und motiviert sind. Wo kommen die guten Mitarbeiter her? Von den guten Führungskräften. Gute Führungsarbeit bedeutet Mitarbeiter zu entwickeln (siehe Abb. 34). Ähnlich dem Slogan von Toyota: Andere Automobilisten entwickeln gute Autos. Wir entwickeln gute Mitarbeiter, die gute Autos entwickeln.

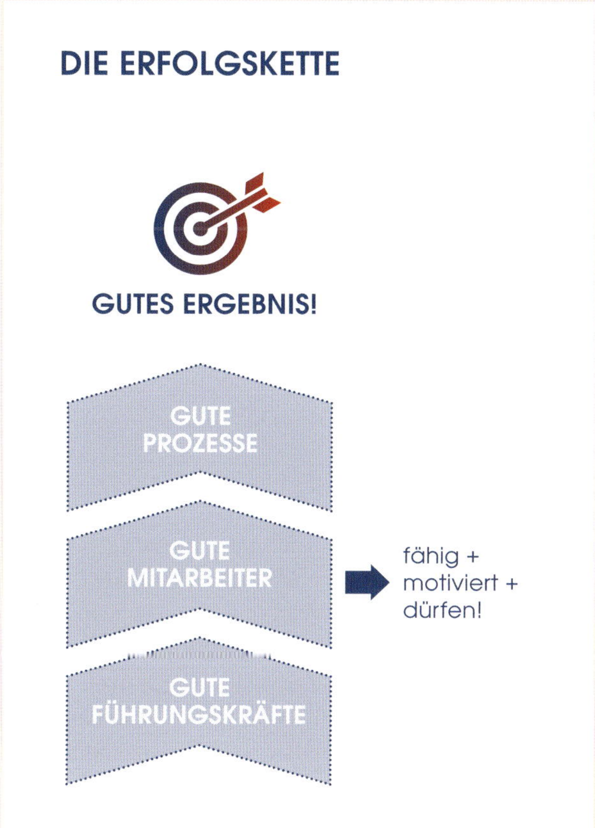

Abb. 34: Die Erfolgskette

Leider schaut die Praxis ganz anders aus. Wenn man sich anschaut, wie viel Zeit Führungskräfte tatsächlich für die Entwicklung ihrer Mitarbeiter verwenden, sieht es nicht sehr positiv aus. Ein Grund dafür ist, dass Führungskräfte häufig Führung nie gelernt haben. Sie waren meist gute Fachspezialistien, denen von heute auf morgen eine Führungsrolle zugeteilt wurde, ohne dass sie die Mitarbeiterführung wirklich gelernt hätten. Der Berater und Management-Lehrer Prof. Fredmund Malik (2006) jedoch ist der Meinung: »Führung ist ein Beruf«. Leider existiert dafür aber keine konkrete Ausbildung wie für andere Berufe. Sicherlich gibt es geborene Führungskräfte, aber der Großteil muss sich vieles über die Jahre selbst aneignen. Dies geht jedoch häufig zulasten der notwendigen Führungsarbeit. Denn viele Führungskräfte bleiben dann doch in ihrer Spezialistenrolle verhaftet und sind nach wie vor stark im operativen Tagesgeschäft involviert. Natürlich nehmen klassische Managementaufgaben wie zum Beispiel Planungsaufgaben, Organisation, Mitarbeiterauswahl, Reporting und Budgetierung einen Teil ihres Alltags ein. Für direkte Führungsaufgaben wie zum Beispiel Entscheiden, Delegieren, Informieren, Kommunizieren und Bewerten oder gar für das Entwicklen der Mitarbeiter bleibt allerdings dann wenig Zeit (siehe Abb. 35).

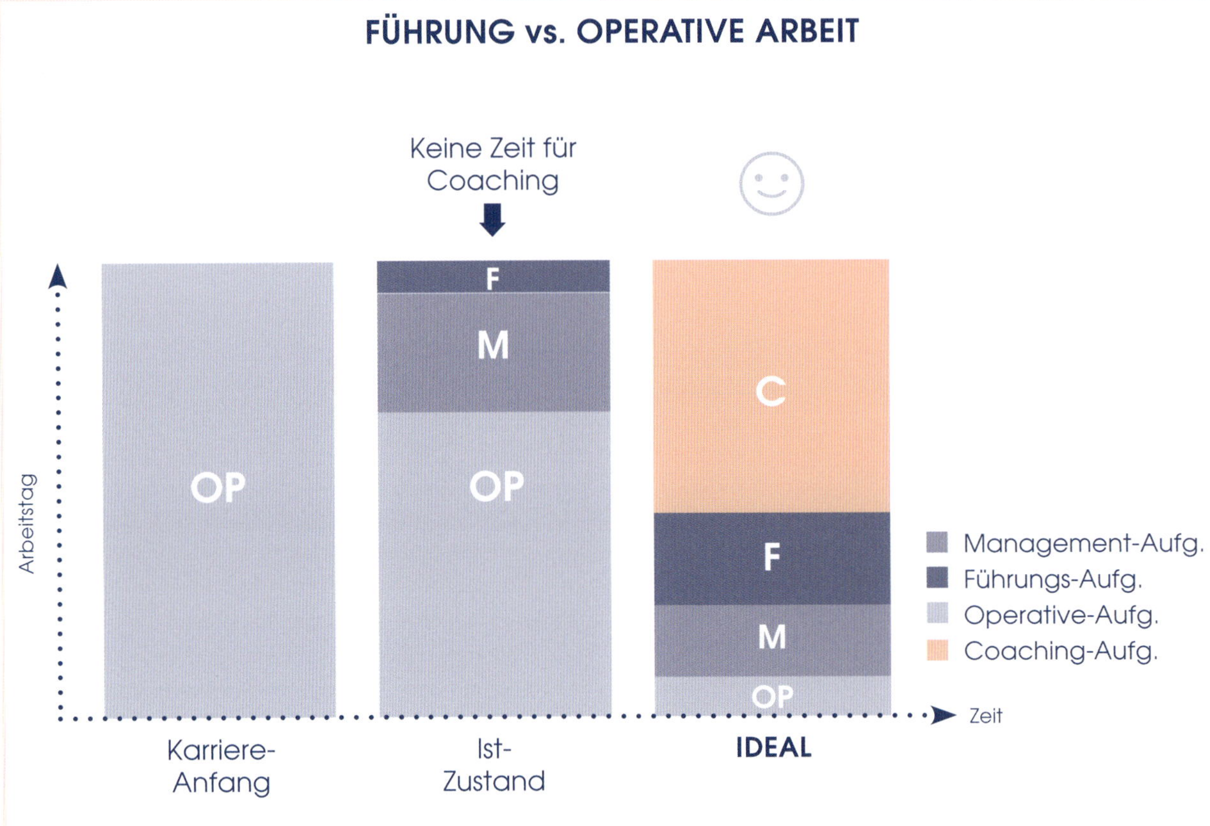

Abb. 35: Führung vs. operative Arbeit

Idealerweise wäre der Arbeitstag jedoch nicht durch operative Tätigkeiten geprägt, vielmehr nähme neben Management- und Führungsaufgaben das Coachen der Mitarbeiter einen Großteil des Arbeitstages ein.

Insofern besteht die größte Herausforderung für Führungskräfte, sich Zeit für das Entwickeln ihrer Mitarbeiter zu nehmen. Aber was bedeutet das nun ganz konkret? Wie kann das in der Praxis aussehen?

Führen vs. Coachen

Stellen Sie sich vor, Sie sind Führungskraft und setzen Ihrem Mitarbeiter ein Ziel innerhalb seiner Komfortzone (siehe Abb. 36). Komfortzone ist der Bereich, in dem der Mitarbeiter gar nicht drüber nachdenken muss, was er zu tun hat. Das heißt, er kennt die Lösung und die Aufgabe wird für ihn keine große Herausforderung darstellen. Hier wird kein Wissensaufbau stattfinden. Nehmen wir weiter an, ein Mitarbeiter hat ausschließlich Ziele, die in seiner Komfortzone liegen. Im Normalfall wird er generell auf Dauer nicht sehr motiviert sein.

Wenn Sie demgegenüber Ihrem Mitarbeiter ein Ziel in der sogenannten Angstzone oder Resignationszone setzen, wird sich der Mitarbeiter wahrscheinlich weder auf den Weg machen, noch wird er sehr motiviert sein, das Ziel anzugehen.

Idealerweise setzen Sie Ihrem Mitarbeiter ein Ziel innerhalb seiner Lernzone. Was passiert hier? Der Mitarbeiter wird schnurstracks geradeaus innerhalb seiner Komfortzone bis zur Wissensgrenze laufen. Ab da kennt er den Weg nicht mehr. Er wird anfangen zu experimentieren und sich den Weg suchen. Sicherlich wird er dabei auch die eine oder andere Niederlage erfahren oder Fehler machen. Aber nur dadurch wird er an Erkenntnissen gewinnen und sein Wissen erweitern. Da er Neues lernt, wird er im Normalfall auch motiviert an die Sache herangehen, da es für ihn eine Herausforderung darstellt.

Was ist dabei die Rolle der Führungskraft? Solange der Mitarbeiter sich innerhalb des Zielkorridors befindet, darf er sich selbst seinen Weg suchen und seine Erfahrungen sammeln, ohne dass ihm die Führungskraft den Weg oder Lösungen aufzeigt. Vielmehr ist es nun an der Führungskraft, die richtigen Fragen an seinen Mitarbeiter zu stellen, damit er sich selbst und seine Lernerfahrungen reflektiert und um dadurch neue Wege zu entdecken.

Abb. 36: Führen und Coachen in der Lernzone

Würde die Führungskraft ihm Lösungen vorgeben, würde der Mitarbeiter diese einfach nur umsetzen und nicht durch die eigenen Erfahrungen lernen. Leider sind viele Führungskräfte davon geprägt, sofort Lösungen aufzuzeigen gemäß dem Vorgehen »Command and Control«. Das haben sie viele Jahre so praktiziert. Plötzlich sollen sie nun ihr Führungsverhalten verändern und in eine für sie neue Rolle schlüpfen. Sie sollen Fragen stellen, Vertrauen in ihre Mitarbeiter stecken, Freiräume gewähren und zuhören. Denn nur dadurch können sie die Entwicklung ihrer Mitarbeiter ermöglichen und Aufgaben so erledigen lassen, dass sie eher coachender Natur sind.

An dieser Stelle ergibt sich ein großer Zwiespalt: Führungskräfte sind nach wie vor Führungskräfte, sie sollen insofern eine »professionelle Distanz« wahren. Auf der anderen Seite sollen sie in ihrer Rolle als »Coach« Nähe zu den Mitarbeitern suchen. Ein Balanceakt, der für viele Führungskräfte komplett neu ist.

Alles, was neu ist, muss gelernt, trainiert und viele Male geübt werden. Nur so lässt sich eine Routine entwickeln. Im Kampfsport spricht man von den sogenannten Kata. Die Kata sind Bewegungsmuster, die so häufig wiederholt werden, bis sie in Fleisch und Blut übergegangen sind und nahezu unbewusst durchgeführt werden können. Damit ist man in der Lage, reflexartig reagieren zu können. Anfänglich ist es ungewohnt, aber mit der Zeit geht es immer besser.

Tipp

Verschränken Sie Ihre Arme. Und jetzt anders herum. Fühlt es sich ungewohnt an?
Ähnlich ungewohnt wird es sich für Führungskräfte anfühlen, nun regelmäßige OKR-Reviews in der Rolle als Coach oder Entwickler ihrer Mitarbeiter durchzuführen.

5.2 Die wöchentlichen OKR-Reviews

Wie kann eine solche Routine konkret aussehen? Nun, wir haben ein OKR-Ziel, das auf die nächsten drei Monate ausgelegt ist. Wir wissen auch, wo wir aktuell stehen. Durch die Key Results ist der Fortschritt messbar und so beobachtbar. Wir erfahren dadurch, was gut oder weniger gut geklappt hat, und können uns Aktivitäten überlegen, um in der nächsten Woche einen weiteren Schritt nach vorne zu machen. Und genau das ist es, was Führungskräfte interessiert und danach werden sie ihre Teams befragen.

5

Fragen im wöchentlichen OKR-Review

Insofern unterteilt sich eine wöchentliche OKR-Review in vier Abschnitte (siehe Abb. 37). Als Führungskräfte stellen wir Fragen zu folgenden Themen:

- **Statusabfrage:** Wir fragen den aktuellen Stand in Bezug auf die Zielerreichung sowie die Einschätzung des Teams hinsichtlich der Wahrscheinlichkeit, das OKR zu erreichen – den sogenannten Confidence-Level – ab. Ebenso empfiehlt es sich, die Teamstimmung, die sogenannte Health Metric, abzufragen.
- **Reflexion:** In der Reflexion wollen wir erfahren, was gut und was weniger gut geklappt hat sowie was das

Weekly OKR Review	
1.	**Status** • Wie ist der Status des OKR? • Wie hoch ist die Wahrscheinlichkeit, das Objective zu erreichen? (Confidence-Level) • Wie ist die Team-Stimmung? (Health Metric)
2.	**Reflexion:** • Was haben wir letzte Woche gemacht? • Wo gab es Schwierigkeiten? • Welche Ursache liegen dahinter? • Was haben wir gelernt? • Was stand die Woche an, was sich außerhalb unseres OKR bewegte?
3.	**Ausblick:** • Was möchten wir in Bezug auf unser OKR diese Woche angehen? • Welche Wirkung erwarten wir dadurch? • Was steht in den nächsten vier Wochen an? • Wo erwarten wir Schwierigkeiten?
4.	**Wo benötigen wir Unterstützung?**

Abb. 37: Fragen im wöchentlichen OKR-Review

Team gelernt hat. Gerade aus den Lernerfahrungen bauen wir wie oben beschrieben unser Wissen auf. Falls es Schwierigkeiten gab, wollen wir die Ursachen wissen. Auf das Thema Ursachenanalyse gehen wir später ein.

- **Ausblick:** Um im Bilde zu sein, was nun als Nächstes angegangen werden soll, interessieren uns die nächsten Schritte für die folgende Woche und die damit verbundenen Erwartungen.
- **Unterstützung:** Immer hilfreich ist die Frage, ob Unterstützungsbedarf besteht. Dies ist ein Signal an das Team, dass sich die Führungskraft interessiert und sich ggf. für das Team einsetzt. Natürlich geht es nicht darum, dass das Team »Monkey Management« (Affen-Management) betreibt und Aufgaben (bildlich Affen) bei der Führungskraft absetzt.

Tipp

- Verwenden Sie diese Fragen als Leitfragen.
- Vermeiden Sie, dass Führungskräfte diese Fragen einfach nur ablesen. Das OKR-Review soll ein natürlicher Dialog sein und nicht gekünstelt wirken.
- Trainieren Sie die generelle Logik »Status – Reflexion – Ausblick – Unterstützung«.

Ich empfehle, alle Reviews im Stehen durchzuführen. Idealerweise haben Sie eine Wand oder eine Tafel, an der die OKR dargestellt sind. Das gilt auch, wenn Sie eine OKR-Software verwenden. Meetings, die im Stehen ablaufen, sind erfahrungsgemäß effizienter.

Nachhaltigkeit von Reviews

Die Fragen, die immer wieder auftauchen, sind: »Wie halten wir die Ergebnisse und Erkenntnisse nach? Bis zu welchem Grad wird dokumentiert und in welcher Form?« Zu viel Dokumentation führt zu einem unnötigen bürokratischen Prozess, gar nichts nachzuhalten, birgt die Gefahr, dass man die Lern- und Fortschrittskurve im Nachgang vielleicht nicht mehr so vor Augen hat.

Ich empfehle das Nachhalten der wesentlichen Erkenntnisse – kurz und knackig – auf einem einfachen Template, dem sogenannten OKR-Memory, da wir hier die Historie der OKR Entwicklung auf einen Blick haben (siehe Abb. 38). Für jedes wöchentliche OKR-Review ist eine Zeile vorgesehen. Ein Verantwortlicher dokumentiert stichwortartig die wesentlichen Erkenntnisse mit:

- Datum wöchentliches OKR-Review
- Was sind OKR-Status und Health Metric?
- Was haben wir gelernt?

5

Team		Verantwortlich: Unterstützung:		
Datum OKR Weekly	**Wie sind OKR-Status, Confidence-Level und Health Metric?**	**Was haben wir gelernt?**	**Was steht nächste Woche an?**	**Welche Unterstützung benötigen wir?**

Abb. 38: OKR-Memory

- Was steht nächste Woche an?
- Welche Unterstützung benötigen wir?

5.3 Quartals-Reviews

Kurz vor Ende des dreimonatigen Zyklus führt jedes OKR-Team ein Review durch. Ziel ist die Beurteilung der Zielerreichung auf Basis des definierten Ampelsystems. Die Frageroutine unterscheidet sich nicht großartig von den Fragen der wöchentlichen OKR-Reviews, außer dass sich die Beurteilung rückblickend auf das gesamte Quartal bezieht und dass wir uns überlegen, wo wir neue OKR definieren sollten.

Da im Quartals-Review neue OKR definiert werden, sollten Sie anfänglich einen halben Tag mit Ihrem Team einplanen.

5.4 Problemlösung: Vom Firefighting zur Ursachenanalyse

Ein weiteres Feld, in dem Sie Ihre Führungskräfte und Mitarbeiter intensiv schulen sollten, ist deren Problemlösungskompetenz. Erfahrungsgemäß ist dieses Thema in vielen Unternehmen komplett unterrepräsentiert. Mangelnde Problemlösungsfähigkeiten führen dazu, dass Meetings ineffizient laufen (siehe Abb. 40) und dass unzureichende OKR-Ergebnisse von einem OKR-Quartal zum nächsten geschleppt, aber nie richtig bearbeitet werden.

Wann benötigen Sie Problemlösungskompetenz? Sie benötigen Problemlösungskompetenz dann, wenn Sie eine große Abweichung von Ihren Planwerten haben oder ein Thema nicht nachhaltig gelöst wird und immer wieder auf dem Zettel steht.

Erst kürzlich coachte ich ein OKR-Review bei einem Wohnwagen-Hersteller. Als Objective war die Erhöhung der Gutteilrate von Wohnwagen definiert. Im Review berichtete der Meister einer Montagelinie, dass er es in der letzten Woche immer wieder mit Kratzern in den Seitenteilen zu tun hatte. Der Qualitätsleiter meinte darauf hin, dass er wie beim letzten Mal bereits dem Lackierer Bescheid gegeben habe, um die Kratzer wieder auszubessern. Daraufhin ging man zum nächsten OKR über.

Lassen Sie uns reflektieren: Natürlich kann es im Sinne einer Sofortmaßnahme Sinn machen, den Lackierer einzuschalten. Dennoch hätte als Maßnahme definiert werden

Quartals-OKR-Review	
1.	**Zielerreichung** • Wie ist die Zielerreichung der OKR? • Wie ist die Team-Stimmung? (Health Metric)
2.	**Reflexion:** • Was war im Quartal erfolgreich? • Was war weniger erfolgreich? • Was haben wir daraus gelernt? • Was bewegte sich im Quartal außerhalb unserer OKR?
3.	**Ausblick:** • Wo müssen wir für das nächste Quartal neue OKR definieren? • Wo bleiben die OKR bestehen? • Was steht in den nächsten vier Wochen an? • Wo erwarten wir Schwierigkeiten?
4.	**Wo benötigen wir Unterstützung?**

Abb. 39: Fragen im Quartals-Review

müssen, sich im Detail anzuschauen, warum und wo die Kratzer entstanden sind. Die Ursachen hierfür können in unterschiedlichen Prozessen, zum Beispiel beim Transport, in der Vorfertigung oder bereits durch Lieferanten passiert sein. Um das jedoch herauszufinden, muss man sich vor Ort entlang der Prozesskette bewegen, bis man die Ursache gefunden hat. Anschließend gilt es herauszuarbeiten, welche Gegenmaßnahmen definiert werden müssen, um zu vermeiden, dass die Kratzer erneut auftauchen.

Das Qualitätsmanagement und das Lean Management stellen uns hier eine große Auswahl an Methoden zu Verfü-

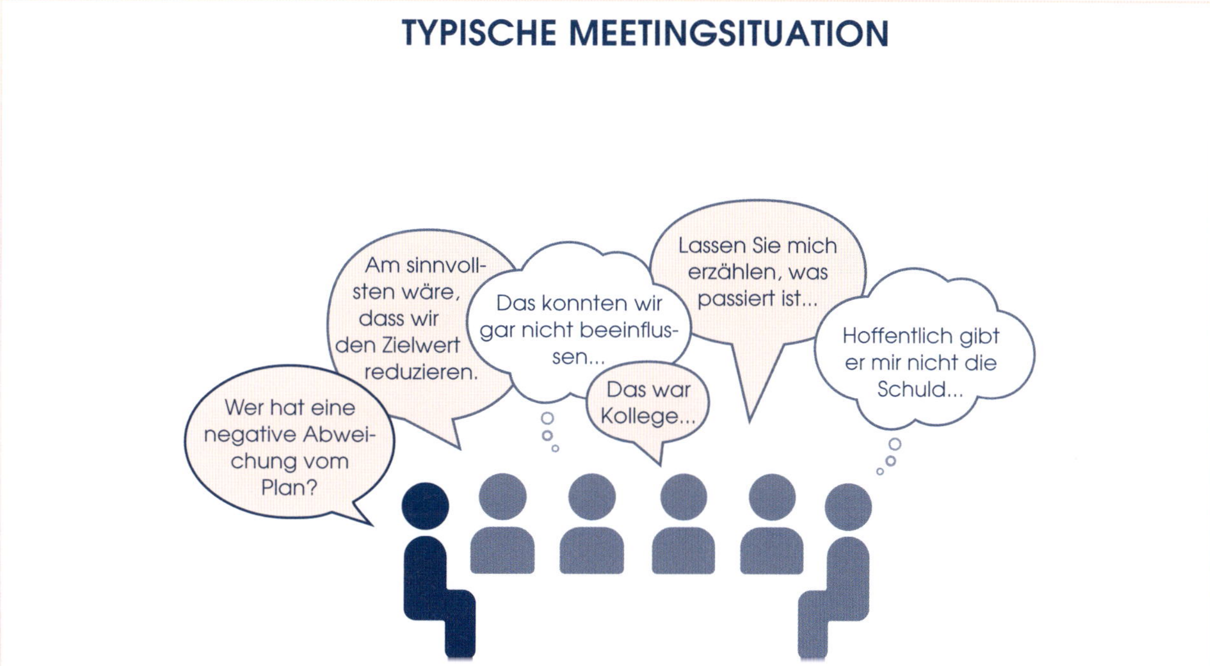

Abb. 40: Eine typische Meetingsituation

5

gung. Auch in meinem Buch »Hoshin Kanri – Policy Deployment durch agile Strategieumsetzung« gehe ich intensiv darauf ein.

Im Zusammenhang mit OKR empfehle ich Ihnen die Auseinandersetzung mit folgenden Problemlösungsmethoden:

- **Mind Mapping:** Das ist die wohl einfachste und bekannteste Problemlösungsmethode. Ich wende sie sehr häufig an, da sie relativ schnell erklärt und sehr interaktiv im Team anwendbar ist. Schreiben Sie das Problem auf ein Post-it und kleben es in die Mitte einer Metaplanwand. Lassen Sie das Team anschließend brainstormen, welche möglichen Einflüsse sie auf das Problem sehen. Jeder darf Post-its schreiben und an die Wand kleben. Versuchen Sie dabei Oberbegriffe zu definieren und die Post-its ähnlich einer Baumstruktur anzuordnen. In kurzer Zeit hat das Team ein umfassendes Bild über mögliche Einflussgrößen.
- **Ishikawa-Diagramm:** Eine Methode ähnlich dem Mind Mapping ist das sogenannte Ishikawa-Diagramm oder auch Fishbone-Diagramm genannt. Verwenden Sie ebenso Post-its und schreiben Sie das Problem auf die rechte Seite einer Metaplanwand. Nun gibt das Ishikawa-Diagramm verschiedene Kategorien vor, in denen mögliche Einflussgrößen gesucht werden können. Diese repräsentieren die Fischgräten. Die bekanntesten Kategorien sind Material, Maschine, Mensch, Methode und Mitwelt. Bringen Sie diese links von Ihrem Problem an und lassen Sie das Team passende Einflussgößen suchen und zuordnen.
- **5-Warum-Analyse (5-W-Fragen)**: Dieses Problemlösungswerkzeug ist eine Technik, die dem Aufspüren der wahren Ursachen eines Problems dient. Man begnügt sich bei der Anwendung der 5-W-Fragen nicht mit der ersten Antwort auf ein Problem. Durch fünfmaliges Fragen nach dem Warum nähert man sich schrittweise der echten Problemursache (root cause) an. So einfach diese Methode auf den ersten Blick erscheint, so schwierig ist sie in der praktischen Anwendung. Sie verlangt intensive Übung und kritisches Hinterfragen der Ergebnisse.
- **Pareto-Analyse:** Die bisherigen Methoden können insbesondere dann verwendet werden, wenn man es mit eher weniger zur Verfügung stehenden Daten zu tun hat. Die Pareto-Analyse soll helfen, basierend auf einer Datenbasis die größten Hebel herauszuarbeiten. Getreu der 80-20-Regel: 80 % der Probleme sind auf 20 % der Ursachen zurückzuführen. Ziel ist es somit, die wichtigsten Ursachen ausfindig zu machen, um sich diesen vordringlich zu widmen.

- **A3-Problemlösungsprozess:** Diese Technik ist eine der umfangreichsten Problemlösungsmethoden und integriert die eben beschriebenen sowie weiterführende Techniken. In einem achtschrittigen Vorgehen wird der Problemlöser durch die Problembearbeitung geführt. Dabei werden im Wesentlichen die Erkenntnisse im Sinne einer »Problemlösungsstory« übersichtlich auf einem A3-Blatt dargestellt.

Allen Problemlösungstechniken ist gemeinsam, dass Sie Probleme durch das Finden der Ursachen nachhaltig abstellen sollen.

Tipp

- Achten Sie deshalb bei der Problemlösung immer darauf, dass ein nicht-funktionierender Prozess gefunden und nicht das Verschulden von Mitarbeitern in den Vordergrund gestellt wird.
- Erfragen Sie im ersten Schritt immer das Vorhandensein von Daten. Die Erfahrung zeigt, dass es mehr Daten gibt, als sich Mitarbeiter häufig vorstellen können.

5.5 Retrospektive

Neben dem Quartals-Review gibt es die sogenannte Retrospektive, die ebenso am Ende eines jeden Quartals stattfindet. Während das Quartals-Review den Fokus auf die inhaltliche OKR-Erreichung legt, konzentriert sich die Retrospektive darauf, wie gut der OKR-Prozess im Quartal gelaufen ist.

Tipp

Führen Sie die Retrospektive bereichs- und hierarchieübergreifend durch. Insbesondere der gemeinsame Austausch ist hilfreich für die Verbesserung des OKR-Prozesses insgesamt. Planen sie für die Retrospektive drei Stunden sowie einen großen geeigneten Raum ein.

Tapezieren Sie eine Wand mit Metaplan-Papier und zeichnen Sie auf der linken Seite eine y-Achse mit der Bezeichnung »positiv« und »negativ«. Ab der Mitte zeichnen Sie eine Zeitschiene und beschriften diese mit Datum oder Kalenderwochen und ggf. mit wichtigen Events, die im letzten Quartal stattgefunden haben.

1. **Beurteilung OKR-Prozess:** Lassen Sie nun die Beteiligten im Brainstorming überlegen und auf Post-its schreiben, was sie wann positiv oder negativ im Rah-

men des OKR-Zyklus empfunden haben. Ab einer Gruppengröße von 10 Personen empfehle ich dies in Zweier- oder Dreier-Teams auszuarbeiten. Anschließend werden die Ergebnisse vorgestellt und an die Metaplanwand geheftet.

2. **Learnings und Moving Forward:** Anschließend geben Sie den Teams Zeit, die Ergebnisse zu reflektieren und die wesentlichen Erkenntnisse aufzuschreiben. Ebenso sollen sie Ideen für die Verbesserung des OKR-Prozesses definieren. Stellen Sie sicher, dass Sie während der Vorstellung der Teams bereits eine inhaltliche Clusterung vornehmen.
3. **Next steps:** Legen Sie anschließend fest, welche Maßnahmen als Nächstes umgesetzt werden. Bis zu einer Größe von ca. 10 Teilnehmern bietet es sich an, dies gemeinsam zu erarbeiten. Bei einer größeren Gruppe lassen Sie die Teilnehmer bepunkten. Stellen Sie sicher, dass nicht mehr als drei Topmaßnahmen definiert werden und nicht alles auf einer Person lastet.

KAPITEL 6

MANAGEN DES VERÄNDERUNGSPROZESSES

6 Managen des Veränderungsprozesses

OKR-Einführungen bringen in vielen Unternehmen einen großen Change-Prozess mit sich. So sollen zum Beispiel alle Mitarbeiter »ins Boot geholt« werden und den Veränderungsprozess mittragen. Führungskräfte sollen bei den Mitarbeitern Widerstände auflösen und sie durch den komplexen Veränderungsprozess führen. Dabei zeigen OKR-Einführungen häufig, dass schlechtes Change-Management teuer ist und häufig nicht effektiv erfolgt. Folglich wird die ganzheitliche und dauerhafte Einführung von OKR zu einer großen Herausforderung für viele Unternehmen.

6.1 Das Wheel of Change

Ein wertvolles Werkzeug, um Veränderungsprozesse greifbar zu machen ist das »Change-Rad« oder »Wheel of Change« der Firma Actee[5] (siehe Abb. 41). Ich setze es zu Beginn und während jedes OKR-Projektes ein.

5 Siehe https://actee.com/

Das Wheel of Change macht Veränderungsprozesse greifbar, transparent und steuerbar. Dabei geht es darum, einen komplexen Change-Prozess in einer Organisation zu implementieren und in verschiedenen Situationen Führungs- und Managementaufgaben zu bewältigen, um die beteiligten Personen durch den Change-Prozess zu führen.

Die Teilnehmer durchlaufen einen gesamten Change-Prozess von Anfang bis Ende, deren Phasen durch Boards (Floorboard mit 2,50 m Durchmesser oder Tischboard) visualisiert ist. Während sich das Floorboard eher für große Gruppe eignet, ist das Tischboard eher mit wenigen Teilnehmern oder im Coaching zu empfehlen. Die Aufgabe der Führung bzw. des Managements ist es, so schnell wie möglich die verschiedenen Beteiligten ins Boot zu bekommen. Die Anwendung des Wheel-of-Change kann außerdem auch computergestützt angewendet werden.

Auf dem Rad lassen sich verschiedene Changemanagement- und Führungstheorien abbilden, beispielweise »Beyond the Wall of Resistance« von Rick Maurer, Leading Change von John Kotter, »Leading at a higher Level« von

Abb. 41: Arbeit mit dem Wheel of Change

Kenneth Blanchard, »Primal Leadership/Emotional Intelligence« von Daniel Goleman oder der Myers-Briggs Typenindikator (MBTI). Damit können gezielt diejenigen Aspekte im Change fokussiert werden, um die es gerade geht.

Das Wheel of Change ermöglicht es dabei auch, mehrere Modelle bzw. Theorien parallel zu betrachten. Zum Beispiel kann gezeigt werden, wo einzelne Betroffene in Bezug auf den Change stehen, das heißt, in welcher Phase und in welcher Form ihres Widerstands (Rick Maurer). Damit können die Betroffenen genau da abgeholt werden, wo sie im Prozess stehen. Gleichzeitig können auch Hinweise gegeben werden, was in welcher Phase aus Sicht der Führung des Change-Prozesses zu tun ist (John Kotter).

6.2 OKR-Change-Canvas

Um den Change Prozess in der Umsetzung zu managen, habe ich das Change-Canvas (siehe Abb. 42) entwickelt. Es soll die Change-Story möglichst kurz und prägnant beschreiben und auch bildlich darstellen.

Tipp

Verwenden Sie bei der Erarbeitung Post-its, um viele Ideen zu sammeln und flexibel in der Zuordnung sein zu können.

Im Folgenden finden Sie eine genaue Beschreibung für jeden Schritt:

1. **Dringlichkeit:** Starten Sie zuerst mit der Beschreibung der Dringlichkeit: Warum müssen wir überhaupt OKR einführen? Erfahrungsgemäß ist das der schwierigste Part, denn dieser ist der Ausgangspunkt dafür, warum sich die Organisation überhaupt bewegen muss. Versuchen Sie die Beschreibung erlebbar und emotional darzustellen. Auch muss die Triebfeder nicht aus einer Krise kommen, auch Chancen können einen Veränderungsbedarf mit sich bringen. Wichtig ist, dass sich die Beteiligten in einer Organisation direkt betroffen und angesprochen fühlen und insbesondere einen Nutzen für sich selber sehen. So können das Vorhandensein von Zielkonflikten, Silodenken, Ressourcenengpässe oder Firefighting mögliche Beispiele sein.
2. **Vision:** Entwickeln Sie als Nächstes eine Vision. Hier geht es nicht um die Unternehmensvision, sondern darum, was Sie mit der Einführung von OKR generell erreichen wollen. Wichtig ist es hier herauszuarbeiten,

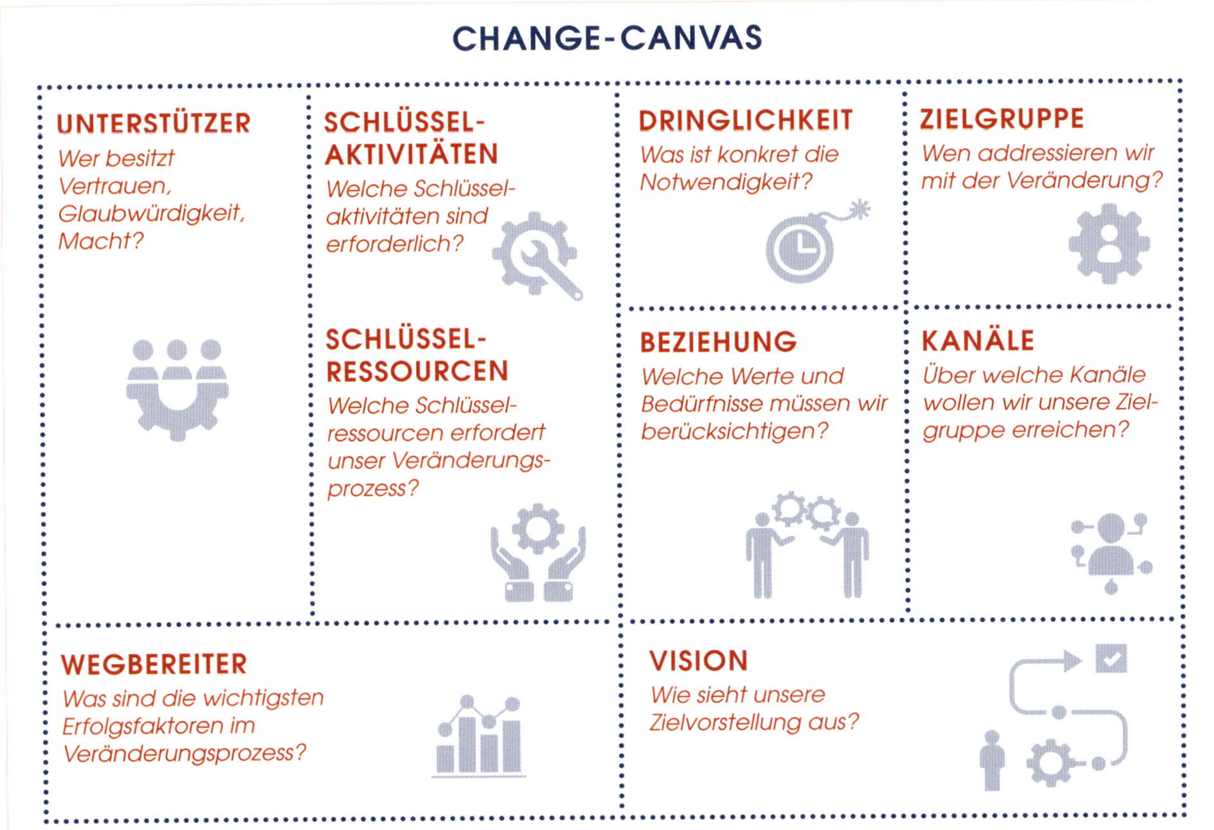

Abb. 42: Change-Canvas

was die Zukunft vom bisherigen Zustand unterscheidet. Dieses Zielbild sollte möglichst ansprechend und attraktiv für die Organisation sein. Auch hier bietet es sich an, die Vision bildhaft, emotional und für alle verständlich darzustellen. Beispielsweise kann die Darstellung einer Pyramide, wo alle Pfeile in eine Richtung zeigen, sehr einfach das Zielbild darstellen.

3. **Zielgruppe:** Generell betrifft ein OKR-Prozess unterschiedliche Personengruppen, die unterschiedliche Aufgaben haben und sich in unterschiedlichen Stufen befinden. Wir wollen wissen, welche Gruppen wir adressieren, wer wie stark die Veränderungen treibt und wer wo im Prozess steht. Beispielhafte Zielgruppen können Führungskräfte, Mitarbeiter, Vorstand, Shareholder oder Stakeholder sein.
4. **Beziehung:** Der Beziehungsaufbau im Veränderungsprozess ist von großer Bedeutung. Dabei muss nicht jede Zielgruppe in gleicher Weise angesprochen werden. Unterschiedliche Zielgruppen stehen in unterschiedlicher Art und Weise der OKR-Einführung gegenüber und lösen differenziertes Verhalten aus. Deswegen ist es wichtig herauszufinden, wie wir mit den Zielgruppen umgehen und welche Werte und Bedürfnisse berücksichtigt werden müssen. Der Beziehungsaufbau kann beispielsweise dann erfolgen, wenn wir wissen, wer wo im Veränderungsprozess steht und ob der Beziehungsaufbau individuell oder temporär erfolgen muss.
5. **Kanäle:** Nachdem wir wissen, wen wir ansprechen müssen und wo die Zielgruppen im Prozess stehen, geht es nun darum, den richtigen Kanal zu wählen. Neben persönlichen Treffen, Teammeetings oder Workshops empfehlen wir die Retrospektive als einen wichtigen Kanal.

Bisher haben wir beschrieben, was wir »nach außen« hin (also Front stage) tun wollen. Nun schauen wir uns an, wie wir das intern steuern und managen wollen (Back stage).

1. **Unterstützer:** Zunächst ist es wichtig, sich zu überlegen, wer intern den Veränderungsprozess vorantreiben soll sowie wer ein hohes Maß an Glaubwürdigkeit, Vertrauen und Authentizität besitzt. Aus diesen Personen, die aus unterschiedlichen Teilen einer Organisation kommen können, wird die sogenannte Führungskoalition gebildet. Wichtig dabei ist es, dass es ein interdisziplinäres Team ist, hierarchieübergreifend zusammenstellt und dass auch Querdenker vertreten sind. Ich empfehle auch, die Change-Story mit der Führungskoalition zu erarbeiten.
2. **Schlüsselaktivitäten:** Nun geht es an die Begleitung des Veränderungsprozesses. Je nachdem, in welchem Veränderungsprozess Sie stehen, muss sich die Füh-

rungskoalition überlegen, was die wesentlichen Aktivitäten sind, um möglichst alle Beteilige mit im Boot zu haben. Dabei ist es wichtig, sich gezielt zu überlegen, welche Tätigkeiten am erfolgversprechendsten sind und wie wir auch die Erfolge sichtbar machen können. Ein Gespür für Handlungsnotwendigkeit, objektive Beurteilung sowie schnelle und messbare Umsetzung sind in diesem Punkt die wesentlichen Erfolgsfaktoren. Regelmäßige OKR-Trainings sowie regelmäßige Retrospektiven sind hier wichtige Handlungsfelder.

3. **Schlüsselressourcen:** Ein Change-Prozess bedeutet Aufwand, Zeit und Geld. Deswegen ist es unabdingbar, sich gezielt über den Einsatz von Schlüsselressourcen Gedanken zu machen. Hierzu zählt, welche Kompetenzen im Veränderungsprozess benötigt werden, wann sie eingesetzt werden und mit welchem finanziellen Aufwand gerechnet werden muss. OKR-Einführungen kommen immer »on top«. Deswegen empfehle ich Ihnen bei diesem Punkt, sich Gedanken zu machen, wo Sie gezielt Handlungsfreiräume schaffen. Beispielsweise sind das bewusste Streichen von Projekten, Reportings oder Meetings oder das Auflösen bestimmter Strukturen Möglichkeiten, um sichtbaren Freiraum für die Beteiligten zu schaffen.
4. **Wegbereiter:** »Tun Sie Gutes und sprechen Sie darüber«. Dies ist ein wichtiger Grundsatz des Veränderungsprozesses schon vor der OKR-Einführung. Deswegen sollten Sie sich überlegen, welches die wichtigsten Erfolgsfaktoren sind und wie Sie Widerstände aufzulösen versuchen. Ich empfehle Ihnen, bewusstes Lernen im Veränderungsprozess herbeizuführen. Reflektieren Sie in der Retrospektive Ihre Lernerfahrungen und leiten Sie bewusst Erfolgsfaktoren ab. Dies wird Ihnen helfen, effektive Maßnahmen zu definieren, die typische Themen wie Widerstände, mangelnde Disziplin oder Rückfall in alte Muster adressieren.

In Abbildung 42 sehen Sie eine Vorlage für das OKR-Change-Canvas. Damit können Sie mit Ihrer Führungskoalition die Change-Story entwerfen und Ihre Ideen zügig strukturieren und verfeinern.

6.3 Widerstände – Wenn Sie nicht mehr weiterkommen

In der Rückschau über alle bisherigen OKR-Projekte kann ich davon berichten, dass es immer Personen gibt, die einfach nicht mitmachen wollen. Die 20-60-20-Regel trifft hier ganz gut. Sie können sich diese wie eine Normalverteilungskurve vorstellen. 20 % haben Sie sofort im Boot. Diese Mitarbeiter brauchen Sie nicht lange für OKR zu begeistern. Sie wissen, dass OKR notwendig sind, dass es dem Unternehmen hilft und dass sie selber auch davon profitieren. 60 % der Beteiligten sind nicht wirklich hoch erfreut. Sie sind auch nicht komplett dagegen. Aber sie stehen der OKR-Einführung erst einmal abwartend gegenüber. Sieht jedoch dieser Personenkreis, dass OKR sinnvoll ist, werden sie auch mitmachen. Die anderen 20 % sind komplett gegen die Einführung. Ihr Verhalten zeigt sich in Ablehnung, Resignation oder Boykottierung. Seien Sie sich bewusst, dass Sie diese Gruppe im Normalfall immer haben werden – je nach Unternehmen mehr oder weniger ausgeprägt. Diese Personen werden Sie nicht über den normalen Change-Prozess ins Boot holen. Die Gründe für ihr Verhalten sind unterschiedlich und meist nicht offensichtlich. Ihr Verhalten ist auf anderer Ebene begründet.

Gibt es Schlüsselpersonen, die Sie vor oder während des OKR-Einführungsprozesses in diese Gruppe einordnen oder haben wichtige Treiber des OKR-Prozesses tagtäglich mit Verweigerern zu tun, empfehle ich Ihnen, über unterstützendes, professionelles Coaching nachzudenken.

6.4 Widerstände auflösen durch systemisches Business-Coaching – ein Beispiel aus der Praxis

Ein Unternehmen aus der Lebensmittelindustrie hat sich zur Einführung von OKR entschlossen. Das Unternehmen wählte den Ansatz, OKR von ganz oben zu starten. Somit waren im ersten Jahr die Ebenen Geschäftsführung, Divisionen und Zentralabteilungen sowie Bereichsleitung involviert. Die interne OKR-Projektleitung bestand aus Herrn Dolling und seiner Chefin Frau Stetten. Das Unternehmen entschloss sich auch, das erste Jahr der Einführung extern begleiten zu lassen, um insbesondere die interne OKR-Projektleitung zu trainieren und zu befähigen.

In einem Kick-off wurden die OKR-Methoden dem Managementteam vorgestellt und die ersten Workshops geplant. Da es in der Vergangenheit bereits mehrere Anläufe für einen Strategieumsetzungsprozess gab, wurden zunächst Interviews mit dem Management und ein Strategie-Workshop inklusive der Erarbeitung der mittelfristigen Ziele und Jahresziele durchgeführt. Anschließend wurde ein zweitägiger OKR-Workshop aufgesetzt, in dem die OKR für die vier Divisionen und sechs Zentralabteilungen erarbeitet werden sollten. In diesem Workshop war bereits offensichtlich

6

erkennbar, dass die Sinnhaftigkeit von OKR nicht von allen Beteiligten gesehen wurde und auch im Anschluss die festgelegten To-Dos aus dem Workshop nicht durchgängig umgesetzt wurden. Der interne Projektleiter stieß insbesondere bei einem Divisionsleiter auf massive Barrieren, die er selbst nicht zu lösen vermochte. Deswegen entschied sich sie Geschäftsführung dafür, dem internen Projektleiter, in dem sie viel Potenzial sahen, einen professionellen Coach zu Verfügung zu stellen.

Im Folgenden beschreibe ich Auszüge aus einer Coachingsession sowie eine Zusammenfassung, zu welchen Ergebnissen das Coaching führte. Der Coach wird mit C und sein Kunde, der interne Projektleiter, mit K abgekürzt. In dieser Coachingsession entschied sich der Coach für die Methode der Aufstellungsarbeit.

- *C: Herr Dolling, wir sollten uns die gesamte Situation einmal aus der Adlerperspektive anschauen. Ich würde Sie gerne dazu auffordern, dass Sie diese farbigen Filzflecken nehmen und diese stellvertretend für sich und die beteiligten Kollegen verwenden. Suchen Sie sich bitte für sich und für jeden Kollegen eine Farbe aus. Der Pfeil zeigt in Blickrichtung. Legen sie diese auf den Boden, bis für Sie das Bild passt und stimmig ist.*

Unterstützende Fragen durch den Coach können sein: Wo würden Sie sich hinstellen? Wer ist alles beteiligt? Wen haben Sie noch im Team? Wer ist noch davon betroffen? (siehe Abb. 43).

- *C: Gut. Ist das stimmig so für Sie? – Pause – Dann bitte beschreiben Sie mir doch, was wir hier sehen.*
- *K: Ich als OKR-Projektleiter bin hier. Rechts von mir ist Frau Stetten, meine Führungskraft. Wir stimmen uns sehr eng ab und verfolgen das gleiche Ziel, was die OKR-Einführung angeht. Rechts davon ist Hr. Schmid, der Geschäftsführer, und ganz vorne Herr Rampenhuber, der Divisionsleiter. Links von mir sind die Divisionsleiter.*
- *C: Wenn Sie sich das jetzt aus der Entfernung anschauen und einen Schritt zurückgehen. Was fällt Ihnen auf?*
- *K: Ich bin in der Mitte. Es schauen auch alle grundsätzlich in eine Richtung und nach vorne.*
- *C: Was ist denn da vorne?*
- *K: Die Zukunft.*
- *C: Sehen alle das gleiche oder was Unterschiedliches?*
- *K: Ja. Alles sehen was Unterschiedliches.*
- *C: Ich bitte Sie nun, sich auf Ihre eigene Position zu stellen. Pause. Inwieweit können Sie selbst auch nach vorne schauen?*
- *K: Nein. Ich nicht, weil Herr Rampenhuber vor mir steht.*
- *C: Haben Sie eine Idee, weshalb er vor Ihnen steht?*

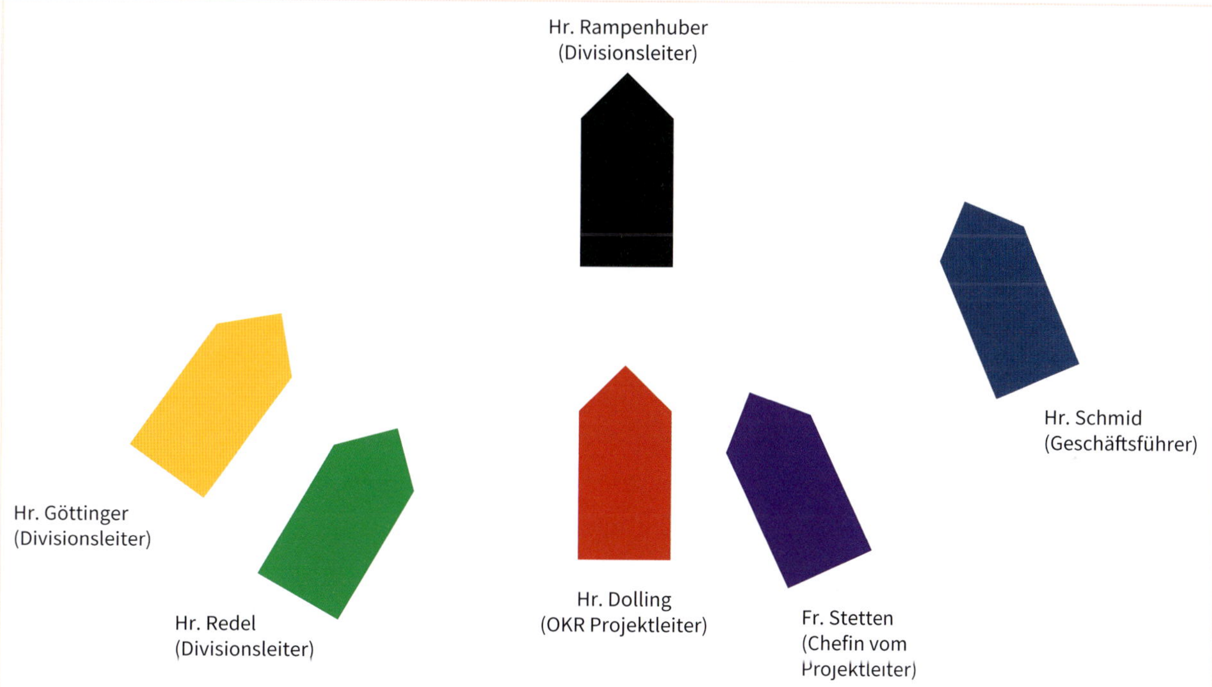

Abb. 43: Ist-Situation bei Aufstellungsarbeit

- *K: Weil er sich mir in den Weg stellt. Er macht sein Ding und hat keine Lust auf OKR.*
- *C: Gibt es noch einen Grund?*

Der Coach fragt weiter und tiefer und erfährt vom Kunden, dass der Divisionsleiter keine Transparenz möchte, er möchte auch keine Zahlen offenlegen. Ebenso hat er keine Zeit für OKR und will nicht noch weitere zusätzliche Arbeit haben. Der Kunde mutmaßt auch, dass es etwas mit Unsicherheit zu tun haben kann. Anschließend bittet der Coach den Kunden, sich auf die Position des Divisionsleiters zu stellen.

- *C: Jetzt würde ich Sie bitten, sich auf die Position von Herrn Rampenhuber zu stellen. – Pause. – Stellen Sie sich auf seine Position. SIE sind jetzt Herr Rampenhuber.*

Zunächst befragt der Coach den Kunden über allgemeine Informationen und Rahmenbedingungen. Wie zum Beispiel, für welchen Bereich er zuständig ist, wie lange er schon im Unternehmen ist, für wie viele Mitarbeiter er Verantwortung hat etc.

- *C: Herr Rampenhuber, wer steht hinter Ihnen? Wen nehmen sie wahr?*
- *K: Hinter mir steht der Projektleiter. Er steht direkt hinter mir. Es schaut mich auch die Chefin des Projektleiters an. Links von mir stehen meine Kollegen. Die schauen auch auf mich. – Pause.*
- *C: Wie geht es Ihnen dabei?*
- *K: Viele Kollegen schauen auf mich. Sie haben mich im Fokus.*
- *C: Was wollen die Kollegen von Ihnen?*
- *K: Es wurde ein Projekt gestartet zur Umsetzung der Strategie. Der Ansatz heißt OKR. Wir hatten bisher zwei Workshops und in dem Workshop bin ich mit der generellen Vorgehensweise und der neuen Methodik nicht so gut klargekommen. Außerdem verstehe ich nicht den Bedarf und warum etwas geändert werden soll.*
- *C: Aber warum schauen dann alle auf Sie?*
- *K: Weil ich immer sehr deutlich sage, warum ich was nicht gut finde. Wir hatten eine Feedback-Runde am Ende des Workshops und ich habe meinen Unmut geäußert. Als direktes Feedback bekam ich von einigen Kollegen, dass ich schon während des Workshops meine Meinung hätte äußern sollen. Das ist mir angelastet worden.*

Der Coach frägt tiefer, um weitere Gründe zu erfahren, warum Herr Rampenhuber im direkten Fokus steht.

- *C: An was glauben Sie, kann es noch liegen, dass alle auf Sie schauen?*

- *K: Der Projektleiter hinter mir will das Projekt vorantreiben und sicherstellen, dass alle Divisionsleiter im Boot sitzen. Die Projektleitung hat aber Angst, dass ich OKR nicht will.*
- *C: O.k., das habe ich verstanden. Was könnte denn gut daran sein, dass Sie diese Meinung haben?*
- *K: Nun ja, ich habe einen anderen und vielleicht auch kritischeren Blick auf die ganze Sache. Ich bin generell eher ein Skeptiker und schaue gerne immer mal tiefer wo rein. Und bei Bedarf trete ich dann auf die Bremse.*
- *C: Und was könnte für den Projektleiter hiervon von Nutzen sein?*
- *K: Dass er nochmal überdenkt, ob das Vorgehen, wie es jetzt aufgesetzt ist, sinnvoll für das gesamte Unternehmen ist.*
- *C: Das heißt, Sie haben eine wichtige Funktion. Stimmt das?*
- *K: Im Grunde genommen ja.*
- *C: Und wird diese wichtige Funktion auch im Team so wahrgenommen?*
- *K: Nein, weil wir alle als Divisionsleiter gleichberechtigt sind. Auf mir darf gar nicht der Fokus liegen.*

Der Coach bittet den Kunden aus der Position von Herrn Rampenhuber herauszugehen und auch die Sicht von den weiteren Kollegen einzunehmen. Anschließend stellt sich K wieder auf seine Position und C befragt ihn erneut in seiner Rolle als Projektleiter.

- *C: Herr Dollinger, welchen Nutzen kann das Verhalten von Herrn Rampenhuber haben?*
- *K: Sicherlich ist es gut, wenn ein Kritiker im Team ist. Einer der sagt, pass auf und reflektiere das Vorgehen regelmäßig und um zu vermeiden, dass eine Stromschnelle kommen könnte. Sicherlich ist es auch gut, wenn jemand auf die Bremse drückt, um zu vermeiden, dass eine Organisation überfordert ist.*

Der Coach hat eben einen Perspektivenwechsel beim Kunden herbeigeführt. Mit dem Wechsel in die Position von Herrn Rampenhuber und das sich Hineindenken in seine Person konnte Herr Dollinger sein Verhalten und die Gründe hierzu besser verstehen. Er hat nun einen anderen Blick auf Herrn Rampenhuber. Der Coach bittet nun den Kunden, das Team so zu positionieren, wie er es sich wünschen würde.

- *C: Bitte legen Sie sich nun die Filzflecken so zurecht, wie es für Sie passend erscheint.*

Der Kunde legt sich das Bild zurecht und erzählt dabei, wie er die Kollegen positioniert (siehe Abb. 44).

6

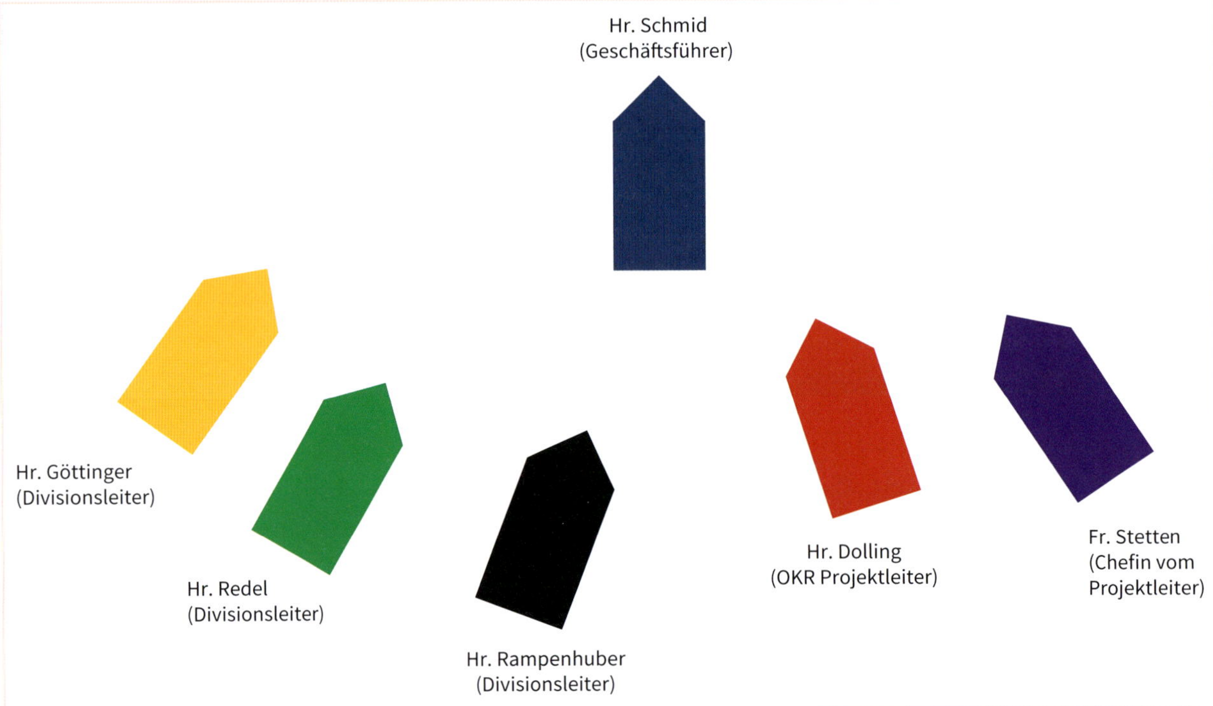

Abb. 44: Ist-Situation am Ende der Coaching-Session

- *K: O.k. Also, generell sollte der Geschäftsführer die Richtung vorgeben und ganz vorne stehen. Auf ihn schauen sowohl die Divisionsleiter als auch die Projektleitung. Ebenso sind Divisionsleitung und Projektleitung nicht voneinander abgewandt. Dennoch sehe ich mich als Projektleiter ein Stück weit in Vorreiterrolle sowie verantwortlich für Methode und Organisation.*

C bittet K nun wieder, sich in jede Position zu stellen, um zu überprüfen, ob die neue Aufstellung für alle stimmig ist. C wiederholt den Prozess mit K so lange, bis ein stimmiges Bild herauskommt.

- *C: Fühlt sich das so besser an?*
- *K: Der Beweis ist noch nicht angetreten, aber es ist auf jeden Fall so stimmiger für mich.*
- *C: Dann würde ich Sie jetzt bitten, dass Sie sich einen nächsten Schritt überlegen.*

Der Kunde legt für sich als nächsten Schritt fest, dass er ein Gespräch mit Herrn Rampenhuber sucht und dass sie gemeinsam eine Rollenklärung im Rahmen der OKR-Einführung vornehmen.

Zwei Wochen später erzählte der Kunde seinem Coach von einem positiven Ergebnis des Gesprächs.

Wichtig: Dieses Fallbeispiel zeigt, wie Sie mit schwierigen Fällen bei einer OKR-Einführung umgehen können. In diesem Fall wurde der Projektleiter gecoacht vor dem Hintergrund, dass er sicherlich nicht das Verhalten des Divisionsleiters verändern kann. Vielmehr wurde bei ihm ein gedanklicher Perspektivenwechsel herbeigeführt, damit er sein Verhalten gegenüber dem Divisionsleiter verändert.

KAPITEL 7

IMPLEMENTIERUNGSSTRATEGIEN

7 Implementierungsstrategien

Wenn Sie OKR in Ihrem Unternehmen einführen wollen, stellt sich natürlich die Frage: Wie und wo starten? Es gibt einige Punkte, die Sie vor der Einführung mit dem Topmanagement klären sollten. Diese sind im Folgenden aufgeführt.

7.1 Start mit Pilotprojekten

Ich bin generell ein Freund von Pilotprojekten. Warum? Weil sich bei vielen meiner Kunden gezeigt hat, dass eine gute OKR-Umsetzung im Pilotprojekt zur Folge hat, dass automatisch weitere Bereiche von den positiven Erfahrungen erfahren werden. Demzufolge ist die Wahrscheinlichkeit hoch, dass OKR im Unternehmen Verbreitung findet.

Tipp

Wenn Sie ein Pilotprojekt starten, versuchen Sie immer, den gesamten OKR-Prozess mindestens ab dem Festlegen von mittelfristigen Zielen zu starten. Ansonsten laufen Sie Gefahr, dass Sie zu operativ unterwegs sind.

Im Folgenden werden die sechs Implementierungsstrategien mit ihren Vor- und Nachteilen aufgeführt (siehe Abb. 45).

- Ohne Frage wäre natürlich der Idealzustand, den Prozess gesamthaft mit dem Topmanagement zu starten (Fall 1).
- Dies bedeutet jedoch, dass das Commitment ganz oben vorhanden sein muss. Je größer ein Unternehmen und je größer ein Vorstand oder eine Geschäftsführung, desto geringer ist die Wahrscheinlichkeit, dass gesamthaft der Wille besteht, OKR einzuführen. Bis hier eine Entscheidung gefällt wird, können oft Jahre vergehen. Deswegen hat es sich auch bewährt, in Piloten (zum Beispiel Geschäftsbereich, Division, Werk, Bereich) zu starten (Fall 2).

Natürlich kann man Einbußen in der horizontalen Abstimmung haben. Wenn jedoch die Piloteinheit einen wirklichen Nutzen durch den Prozess erkennt, kann dies schnell zu Interesse bei benachbarten Geschäftseinheiten führen, sodass diese den Prozess ebenso starten möchten. Letztendlich wird das Topmanage-

7

ment erkennen, dass für die Folgejahre der Prozess von ganz oben starten muss.

- Verfolgt ein Unternehmen eine signifikante Veränderung oder Verbesserung mit einem bestimmten Ziel (zum Beispiel Qualität oder Kosten), dann kann sich die OKR-Einführung auch rein auf dieses Thema beschränken (Fall 3).
- Insbesondere vor dem Hintergrund der Verbesserung des »end-to-end«-Prozesses (vom Kunden zum Kunden) kann man OKR auch auf den Wertstrom einer bestimmten Produktfamilie anwenden (Fall 4).
- Nicht zu unterschätzen ist Fall 5. Diese Option eignet sich, wenn die oberste Führungsmannschaft erst einmal selbst den Prozess verinnerlichen und entsprechendes Verhalten vorleben muss. Die Erfahrung hat gezeigt, dass es die gesamte Organisation überfordern kann, wenn die OKR-Einführung zu schnell innerhalb des ersten Jahres geschieht. Dann bietet es sich an, jährlich schrittweise nur wenige Hierarchieebenen einzubinden.
- Im Fall 6, dem holokratischen Ansatz, setzen sich die OKR themen- oder prozessbezogen zusammen. Unabhängig von der Hierarchieebene werden Verantwortlichkeiten für OKR definiert und entsprechend umgesetzt. So kann es OKR auf Unternehmensebene geben, welche – unabhängig von der Hierarchie – aus bestimmten Themenfeldern, wie zum Beispiel Projektstrukturen oder cross-funktionalen Produkt- oder Entwicklungsteams, entstehen. OKR-Verantwortliche organisieren sich selbst und legen Zuständigkeiten fest.
- In der Praxis werden Sie jedoch sehr oft erleben, dass der eher holokratische Ansatz für ein gesamtes Unternehmen nicht machbar ist, denn meistens gibt es neben agilen Strukturen doch noch die klassische hierarchische Struktur. Deswegen könnte auch Fall 7 relevant sein, bei dem ein Mix aus OKR eingeführt wird, nämlich einmal bezogen auf erforderliche Netzwerke und einmal für die Bereiche, die klassische Hierarchiestruktur haben. In beiden Fällen lässt sich mit OKR arbeiten.

1. Unternehmensweit Top-down

Vorteile

- Einbeziehung und Ausrichtung des gesamten Unternehmens
- Optimale Ausschöpfung der cross-funktionalen Abstimmung
- Optimale Bearbeitung von Zielkonflikten

Nachteile

- Erfordert Commitment vom gesamten Management
- Oftmals langer Entscheid
- Durchgängige OKR-Ausrichtung kann eine Organisation anfangs überfordern

2. Pilot: Ausgewählte Organisationseinheit (Division, Werk, Bereich etc.)

Vorteile

- Pilot erfordert meist keine so große Entscheidungsfindung
- Abgegrenzter Bereich
- Relativ schneller OKR-Umsetzungsprozess

Nachteile

- Kein Einstieg auf oberster Ebene
- Abstimmung von Zielen zwischen Organisationseinheiten (mögliche Zielkonflikte) kann u.U. suboptimal sein

Abb. 45: Unterschiedliche Implementierungsstrategien

3. **Pilot: Ausgewählter OKR-Schwerpunkt (Kostenziel, Prozessziel, Qualitätsziel etc.)**

Vorteile	Nachteile
• Pilot erfordert meist keine so große Entscheidungsfindung • Fokus auf ein Ziel • Einstieg auf oberster Ebene • Schnelle OKR-Ausrichtung über mehrere Ebenen	• Abstimmung von Zielen untereinander (mögliche Zielkonflikte) kann u.U. suboptimal sein

4. **Pilot: Ausgewählter Wertstrom**

Vorteile	Nachteile
• Pilot erfordert meist keine so große Entscheidungsfindung • Cross-funktionale Abstimmung • Schneller OKR-Umsetzungsprozess	• In großen Unternehmen Einstieg nicht auf oberster Ebene

Abb. 45: Unterschiedliche Implementierungsstrategien (Fortsetzung)

5. Pilot: TOP Level

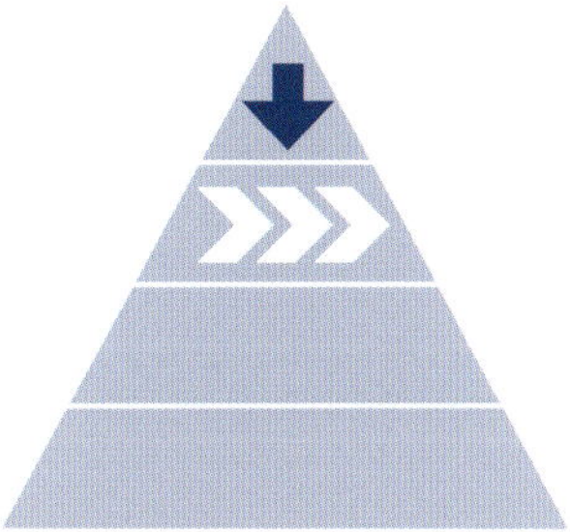

Vorteile	Nachteile
• Einstieg auf oberster Ebene • Lernreise für die Führung • Einbeziehung der obersten Bereiche und Führungskräfte • Cross-funktionale Abstimmung und Bearbeitung von Zielkonflikten auf oberer Ebene • Vorbildfunktion des Managements	• Erfordert Commitment vom gesamten Management • Oftmals langer Entscheid • Anfänglich keine durchgängige OKR-Ausrichtung bis auf untere Ebenen

6. Pilot: Holokratisch

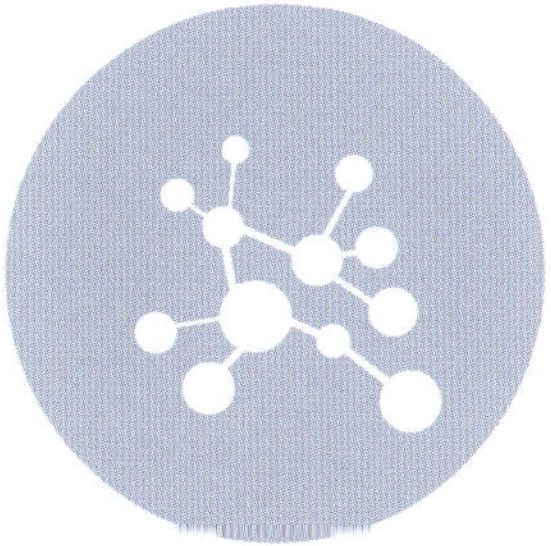

Vorteile	Nachteile
• Agile und flexible Ausrichtung außerhalb der Hierarchie • Aufbau von Netzwerkstrukturen	• Etablierte Strukturen können zu Problemen führen • Zielkonflikte bei Führungskräften bzgl. Zuständigkeit und Ressourceneinsatz

Abb. 45: Unterschiedliche Implementierungsstrategien (Fortsetzung)

7. Mix aus holokratisch und Hierarchie

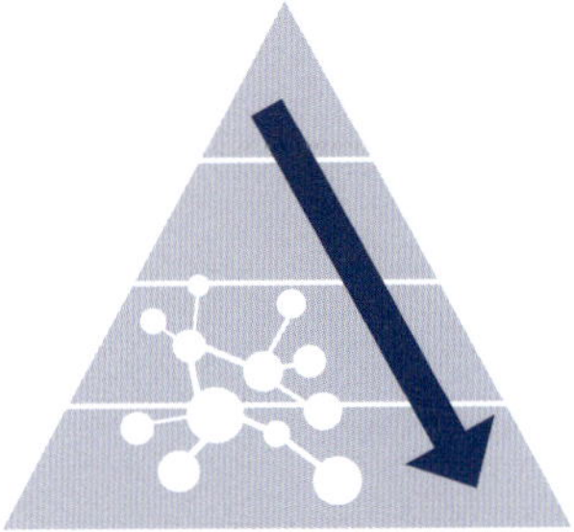

Vorteile	Nachteile
• Abbildung von Netzwerkstrukturen und Hierarchieebenen • Sowohl agile Teams als auch klassische Bereichsstrukturen finden sich wieder • Ermöglicht das Üben von Arbeiten in Netzwerkstrukturen	• Zielkonflikte bzgl. Zuständigkeit und Ressourceneinsatz • Erfordert Commitment vom gesamten Management • Nicht für alle Organisationen geeignet und abhängig vom Reifegrad

Abb. 45: Unterschiedliche Implementierungsstrategien (Fortsetzung)

7.2 Einflussgrößen auf die Implementierungsstrategie

In der Praxis hat sich gezeigt, dass die Berücksichtigung weiterer Faktoren einen wesentlichen Einfluss auf die Wahl der geeigneten Implementierungsstrategie haben. Sie sind im Folgenden aufgeführt:

- Ziel der Einführung von OKR
- Reifegrad der Organisation
- Gültigkeit und Verwendbarkeit der strategischen Ausrichtung
- Bestehende Managementsysteme (zum Beispiel BSC, MbO)
- Anbindung an KPI-System
- Fokus auf strategische Ausrichtung oder Mix strategische Ausrichtung, CI, Tagesgeschäft
- Nutzung von »Durchbruchszielen«
- Mix aus top-down und bottom-up
- Anzahl einzubindender Hierarchieebenen im ersten Schritt
- Verbindung mit dem Shopfloor Managementsystem (SFM) oder dem Task Management (Aufgabenebene)
- Ressource im Sinne eines OKR-Methodenexperten
- Ressourcen im Sinne der beteiligten Führungskräfte
- Qualität von KPI und Erfolgsindikatoren
- Erfolgsmessung der OKR-Einführung

- Anbindung an das Bonus-/Vergütungssystem
- Gestaltung des Veränderungsprozesses und der Kommunikationsstrategie
- Gültigkeit der 20-60-20-Regel (20 % der Betroffenen sind dafür, 60 % sind neutral, 20 % zeigen Widerstand)

Tipp

- Das Topmanagement wird erst in der Lage sein, den Umgang mit den meisten Einflussgrößen zu beurteilen, wenn es in OKR geschult wurde. Deswegen empfehle ich vor dem Start einer Einführung immer einen zweitägigen OKR-Workshop mit dem Management.
- Zur Beurteilung des Reifegrads der Organisation bieten wir eine kostenlose Selbstbeurteilung zum Strategieumsetzungsprozess an unter: https://www.onlineumfragen.com/login.cfm?umfrage=92073

7.3 Die Rollen im OKR-Prozess

Wen benötigen Sie für eine erfolgreiche OKR-Einführung? Wenn Sie den Prozess das erste Mal starten, sollten Sie sich zunächst nach externer Unterstützung umschauen. Zweitens benötigen Sie jemanden, der den Prozess intern vorantreibt und im Laufe der Zeit dazu befähigt wird. Drittens müssen die Führungskräfte im Planungs- und Umsetzungsprozess trainiert werden.

Sehen Sie davon ab, reine Experten wie bei typischen Six-Sigma-Ausbildungen auszubilden. Vielfach führt das dazu, dass sich die Führungskräfte auf diese verlassen und die Experten den Job der Führungskräfte übernehmen. OKR-Umsetzung ist ein reines Führungsthema, bei dem Führungskräfte die Rolle eines OKR-Managers oder OKR-Coaches einnehmen müssen!

Natürlich benötigen Sie anfangs interne Methodenexperten. Ich bezeichne sie eher als den bayrischen »Wadelbeißer«, die nah an den Führungskräften dran sind, sie bei der Umsetzung ihrer Aufgaben methodisch begleiten und vor allem auch Disziplin einfordern.

7.4 IT-technische Unterstützung

Machen Sie die Einführung von OKR nicht zu einem IT-Projekt. Mittlerweile gibt es einige Lösungsanbieter von OKR-Software. Jede hat Vor- und Nachteile und ist unternehmensspezifisch auszuwählen. So erzählte mir die Führungskraft eines Unternehmens, welches seit längerer Zeit mit einer OKR-Software arbeitete, dass seine Software rein nur die Quartals-OKR abbildete, jedoch keine Möglichkeit hätte, die mittelfristigen Unternehmensziele darzustellen. Ein anderes Unternehmen sagte über seine Software, dass es keine Möglichkeit gäbe, die Erkenntnisse der OKR-Reviews mit zu dokumentieren.

Tipp

Starten Sie das erste Jahr mit einer einfachen Lösung, zum Beispiel händisch an Tafeln oder Excel-basiert, und entscheiden Sie erst, wenn der Prozess einigermaßen rund läuft, wie Sie zukünftig arbeiten wollen.

7.5 Häufige Fehler bei der Umsetzung

In den vielen Jahren der Umsetzungsbegleitung hat sich gezeigt, dass eine Reihe an Fehlern immer wieder auftreten. Diese sind im Folgenden aufgelistet. Empfehlenswert ist es, sich vor der Einführung bewusst mit typischen Stolpersteinen auseinanderzusetzen und möglichst frühzeitig Gegenmaßnahmen zu entwickeln.

- Kein Management-Commitment
- Reifegrad der Organisation nicht beachtet
- Mangelnde Disziplin
- Mangelnder Fokus auf Topebene
- Fehlende strategische Ausrichtung
- Keine klare Abgrenzung zwischen strategischen Zielen und operativen Ziele
- OKR werden im Dialog definiert und nicht in übergreifenden Workshops
- Veränderungs-/Change-Prozess unterschätzt
- Mangelnde Transparenz
- Zu wenig ambitionierte Ziele
- Zu hoher Reportingaufwand
- Unzureichende Information
- Keine Einbindung von Controlling und HR
- Kein ausgebildeter und zertifizierter OKR-Manager[6]
- Unzureichende Trainings
- Nutzung als Reportinginstrument
- Ungeeignete Erfolgsindikatoren
- Mangelnde Problemlösungsfähigkeiten
- Fehlende Anbindung an das Shopfloor-Management

6 Informationen zu offenen und Inhouse-Ausbildungen zum zertifizierten OKR-Manager siehe www.kudernatsch.com

KAPITEL 8

OKR VS. VARIABLES VERGÜTUNGSSYSTEM UND MITARBEITERGESPRÄCHE

8 OKR vs. variables Vergütungssystem und Mitarbeitergespräche

Die Anbindung von OKR an das variable Vergütungssystem ist ein viel diskutiertes und zwiespältiges Thema im Rahmen von OKR-Einführungen. Generell rät die OKR-Philosophie von einer Verknüpfung ab.

Schauen wir uns einmal die unterschiedlichen Fälle in der Praxis näher an:

- **Fall 1: OKR sind nicht mit dem variablen Vergütungssystem verknüpft.** Vorteil ist, dass sich Führungskräfte eher ambitioniertere Ziele setzen werden, da eine mögliche Nicht-Erreichung keine monetären Auswirkungen haben. Nachteil ist, dass die Anstrengungen, Ziele zu erreichen, eher auf diejenigen Ziele ausgerichtet sind, mit denen der variable Gehaltsbestandteil verknüpft ist.
- **Fall 2: OKR sind mit dem variablen Vergütungssystem verknüpft.** Vorteil ist, dass nur ein Zielsystem existiert und Sie dadurch eine entsprechende Vereinfachung schaffen. Nachteil ist, dass sich Führungskräfte eher moderatere Ziele setzen und mit sehr ambitionierten Zielwerten insbesondere bei den beschriebenen verbindlichen Zielen weniger gut umgehen können.
- **Fall 3: Abschaffen des variablen Vergütungssystems.** Einige wenige Unternehmen gehen aktuell den Schritt, dass Sie im Zusammenhang mit der Einführung von OKR komplett das Bonussystem und auch traditionelle Mitarbeitergespräche abschaffen. Zu Ersterem argumentieren Unternehmen damit, dass variable Vergütungssysteme die Belegschaft rein extrinsisch motivieren und nur ihren Einsatz »um des Geldes willen« erbringen. Hingegen sind Menschen, die intrinsisch motiviert sind, weil ihnen die Arbeit Spaß macht und sie es von sich aus wollen, eher in der Lage, sehr hohe Ziele zu erreichen.

Sicherlich steht die variable Vergütung im Zusammenhang mit der klassischen Zielvereinbarung im Rahmen des MbO-Ansatzes. In den Zielvereinbarungsgesprächen werden normalerweise die variablen Gehaltsbestandteile festgelegt und am Ende des Jahres auf ihrer Erreichung überprüft. Da dies in persönlichen Gesprächen zwischen Führungskraft und Mitarbeiter erfolgt, sind die variablen Gehaltsbestandteile häufig nicht im Unternehmen bekannt. Wollen Unternehmen den Grundsatz der absoluten Transparenz von OKR

8

ernst nehmen, dann führt das zwangsläufig zu Zielkonflikten und birgt das Risiko, dass die OKR-Einführung komplett scheitert.

Das führt zwangsläufig dazu, dass Unternehmen auch die Sinnhaftigkeit von Mitarbeitergesprächen überdenken sollen. John Doerr ist der Meinung, dass im Schnitt jede Führungskraft 7,5 Stunden im Jahr pro Mitarbeiter für Mitarbeitergespräche verwendet. Nehmen wir nun an, dass eine Führungskraft eine Spanne von 20 Mitarbeiter hat, ist sie knapp 19 Tage im Jahr rein nur mit Mitarbeitergesprächen beschäftigt.

Hier ein Beispiel: Ende März planten wir bei einem Kunden die Gestaltung von Tafeln für die OKR-Reviews und waren vor Ort in der Produktentwicklung. In diesem Moment lief der Leiter Produktentwicklung vorbei und ich wollte ihn etwas fragen. Er antwortete mir: »Ich habe gerade keine Zeit, ich muss zum Mitarbeitergespräch«. Dieses Beispiel ist kein Einzelfall. Führungskräfte haben häufig gar keine Chance, Mitarbeitergespräche im geeigneten Zeitfenster zu führen und so kommt es, dass diese Gespräche häufig bis ins 2. Quartal reichen.

John Doerr empfiehlt deshalb das sogenannte kontinuierliche Performance Management als Alternative zu jährlichen Mitarbeitergesprächen und nennt es CFR (Conversation, Feedback, Recognition). Diese Gespräche zwischen Führungskraft und Mitarbeiter sind regelmäßige, fortlaufende Dialoge, die neben der persönlichen Zielerreichung hauptsächlich auf der Beziehungsebene ablaufen und als Enabler (Befähiger) für die OKR-Umsetzung fungieren sollen. Diese Gespräche können um sogenannte »Echtzeit-Dialoge« ergänzt werden. Stellen Sie sich vor, Sie arbeiten mit Ihrem Team auf die Erreichung Ihrer Objectives hin und haben wöchentliche Reviews verankert. Dabei stellen Sie fest, dass ein Mitarbeiter persönliche Schwierigkeiten bei der Umsetzung hat. Mit einem Echtzeit-Dialog gehen Sie zusätzlich in das direkte Gespräch mit Ihrem Mitarbeiter und planen nicht erst einen festen Termin ein.

Typische Fragen, die vom Grundsatz her ähnlich wie die wöchentlichen und quartalsweisen OKR-Reviews aufgebaut sind, lauten:

- Status:
  - Wo stehst du bei deiner persönlichen OKR-Erreichung?
  - Wie kommst du voran?

   - Wie geht es dir dabei? Wie hoch schätzt du deine Motivation ein?
- Rückblick:
   - Was lief gut und wo gab es Schwierigkeiten? Hat dich irgendetwas beeinträchtigt?
   - Was sind deine Erkenntnisse seit unserem letzten Gespräch?
- Ausblick:
   - Was steht kommende Woche an?
   - Woran willst du persönlich an dir arbeiten?
   - Was erwartest du dadurch?
- Unterstützung:
   - Wo kann ich dich unterstützen?
   - Was brauchst du von mir, um erfolgreicher zu sein?

Tipp

- Stellen Sie Ihre Mitarbeitersprache auf den Prüfstand und diskutieren Sie, inwieweit unterjährige regelmäßige Dialoge für die Umsetzung von OKR hilfreich sein können.
- Diskutieren Sie, inwieweit Sie zusätzliche persönliche OKR definieren müssen.

FAZIT UND AUSBLICK

9 Fazit und Ausblick

Geschafft! Na ja, fast. Im Folgenden möchte ich die wichtigsten Erkenntnisse zusammenfassen und die wesentlichen Erfolgsfaktoren aus meiner praktischen Erfahrung mit Ihnen teilen.

In diesem Buch habe ich Ihnen die Grundphilosophie von OKR sowie insbesondere wichtige Methoden, Werkzeuge und Hilfsmittel vorgestellt, die sich in meiner praktischen Umsetzung von OKR als hilfreich erwiesen haben. Dabei sollten Sie sich bewusst sein, dass wir hier nicht von einer komplett neuen Methode sprechen. Vielmehr hat die OKR-Methode durch die agilen Ansätze und erfolgreiche Unternehmen, die OKR praktizieren, in den letzten Jahren an Bedeutung zugenommen. Deswegen kann es durchaus sein, dass das eine oder andere gar nicht neu für Sie ist, da Sie es vielleicht sogar in einer ähnlichen Art und Weise bereits umsetzen. Egal wie Sie es nennen, am Ende des Tages geht es darum, sicherzustellen, dass das Unternehmen in der Zukunft wettbewerbsfähig bleibt und dass die gesamte Organisation darauf ausgerichtet ist.

Im Folgenden stelle ich die zehn wichtigsten Erfolgsfaktoren bei der Einführung von OKR dar:

Regel 1: OKR-Umsetzung ist ein Führungsthema

Viele Unternehmen verlassen sich auf Werkzeuge und Methoden, bilden Experten aus und denken, dass dies ausreichend ist. Langfristig werden Sie mit OKR nur erfolgreich sein, wenn alle Führungskräfte OKR leben und in ihrem Führungsalltag verankert haben. Machen Sie OKR zum Führungsthema! Man kann Führungskräfte in ihrer Rolle als Coach nicht genug trainieren.

Regel 2: Denken Sie nicht zu kurzfristig

OKR soll eine agile und flexible Unternehmenssteuerung ermöglichen. Der kurzfristige Blick mit quartalsweisem Zeithorizont spielt dabei eine wichtige Rolle. Dennoch nicht alles, was bisherige Strategiearbeit ausgemacht hat, ist gänzlich verkehrt. Stellen Sie sicher, dass Sie nicht im Blindflug unterwegs sind und hinterfragen Sie kritisch eine reine Quartalssicht. Das Festlegen von mittelfristigen Zielen und Jahreszielen bringt Ihnen mehr Weitsicht.

9

Regel 3: Legen Sie los!

Natürlich ist der Idealfall eine unternehmensweite OKR-Umsetzung, die beim Topmanagement startet. Das Problem jedoch liegt darin, dass es eine Zeit lang dauern kann, bis Sie hier volles Commitment haben. Viele Beispiele zeigen, dass der Start mit einem Piloten eine geeignete Alternative ist und den »Ball automatisch ins Rollen« bringen kann.

Regel 4: Konzentrieren Sie sich auf wenige Ziele

OKR-Einführungen können daran scheitern, dass schon ganz oben zu viele Ziele festgelegt werden. Die Gründe sind unterschiedlichster Natur und reichen von unklarer strategischer Ausrichtung bis hin zum Sicherheitsdenken von Managern und Führungskräften. Seien Sie mutig und konzentrieren Sie sich auf die wenigen wichtigen Ziele, die Ihre Organisation wirklich braucht.

Regel 5: Arbeiten Sie mit Zieltransformationsbäumen

Viele OKR-Einführungen bleiben auf der obersten Managementebene hängen und schaffen keine durchgängige Zielausrichtung. Dabei geht es nicht um einen bürokratischen Zielkaskadierungsprozess, sondern darum, dass auf den entsprechenden Ebenen oder Teams sinnvolle und beeinflussbare OKR definiert werden. Um das Verständnis in der Organisation zu verbessern, trainieren Sie intensiv, wie sich OKR in der Organisation entfalten können.

Regel 6: Vermeiden Sie Silo-Ansätze

Unternehmen, die OKR einführen, verfallen sehr häufig in bereichs- oder abteilungsisolierte Erarbeitung von OKR. Dieses mündet eins zu eins in Silodenken und ist etwas, das Sie eben genau nicht wollen. Starten Sie bereits auf den oberen Führungsebenen mit bereichsübergreifender OKR-Erarbeitung und Abstimmung.

Regel 7: Überfordern Sie Ihre Organisation nicht

Quartalsweise Neudefinition von OKR ist ein genereller Grundsatz. Das bedeutet, dass jedes Quartal OKR definiert werden sollten. In kleineren Unternehmen oder Start-ups kann das durchaus Sinn machen. Bedenken Sie jedoch Ihre Unternehmensgröße und -strukturen und wägen Sie kritisch den OKR-Zyklus ab. Zum Start kann ein Halbjahres-Zyklus durchaus sinnvoll sein.

Regel 8: Entwickeln Sie Problemlösungskompetenzen

Vielfach unterrepräsentiert ist das Vorhandensein von Problemlösungskompetenzen. Dies führt dazu, dass OKR-Reviews ineffektiv ablaufen und OKR von Quartal zu Quartal ohne eine wirkliche Verbesserung geschleppt wird.

Qualitäts- und Lean Management liefern uns hier eine Vielzahl an Methoden und Werkzeugen. Schulen Sie Mitarbeiter und Führungskräfte in der Anwendung und bilden Sie diese in ihrer Rolle als »Problemlöser« aus.[7]

Regel 9: Machen Sie OKR nicht zum IT-Projekt

Ganz gewiss wollen wir möglichst bei einer OKR-Umsetzung viel Zusatzarbeit und Reportingaufwand vermeiden. Methoden wie zum Beispiel Balanced Scorecards sind unter anderem daran gescheitert. Generell werden Sie um ein OKR-Reporting nicht herumkommen. Wenn Sie mit OKR starten, empfehle ich Ihnen jedoch, den Fokus nicht auf eine IT-technische Umsetzung zu legen. Beginnen Sie »hemdsärmlig« und sammeln Sie in den ersten zwei Jahren Erfahrung. Dadurch kennen Sie Ihre Anforderung an eine technische Unterstützung besser und reduzieren das Risiko einer nicht für Ihr Unternehmen passenden IT-Lösung.

Regel 10: Schaffen Sie Klarheit über die Verbindung von OKR mit dem variablen Vergütungssystem

Das wohl am meisten kritisch diskutierte Thema ist die Verbindung von OKR mit dem variablen Vergütungssystem. Mittlerweile gehen Unternehmen dazu über, variable Vergütungsmodelle komplett zu eliminieren, da diese konterkarierend zu den eigentlichen Anreiztreibern von Mitarbeiter stehen. Wägen Sie intern die Vor- und Nachteile ab und schaffen Sie Klarheit.

Jetzt wünsche ich Ihnen viel Erfolg bei Ihrer OKR-Umsetzung!

7 Zu zertifizierten Ausbildungen in Problemlösungskompetenzen siehe www.kudernatsch.com

10 Literaturverzeichnis

Adl, R. (2015): Cracking the Code: The secret to successful strategy execution & lessons for the C-Suite; in: BTS White Paper; online verfügbar unter: https://www.bts.com/docs/default-source/white-papers/cracking-the-code-research-report (letzter Zugriff: 22.11.2019)

Akao, Y. (1991): Hoshin Kanri: Policy Deployment for Successful TQM. Portland

Amoros, R. (2017): A century of America's Top 10 Companies; in One Chart, online verfügbar unter: https://howmuch.net/articles/100-years-of-americas-top-10-companies (letzter Zugriff: 20.08.2019)

Babich, P. (2006): Hoshin Handbook. Poway

Casey, D. (2011): X-Matrix: Strategy deployment and execution process for breakthrough business performance. Cincinnati

Collins, J. (2001): Good to great. New York

DeBusk, G. K./DeBusk, C. (2011): Combining Hoshin planning with the Balanced Scorecard to achieve breakthrough results, in: Balanced Scorecard Report, vol. 13 (6), pp. 1ff.

Dennis, P. (2009): Getting the right things done. Cambridge

Doerr, J. (2017): Measure what matters – OKR – The simple idea that drives 10x growth. New York

Doerr, J. (2018): OKR – Objectives & Key Results: Wie Sie Ziele, auf die es wirklich ankommt, entwickeln, messen und umsetzen. München

Drucker, P. F. (1954): The practice of management. New York

Hutchins, D. (2011): Hoshin Kanri – The strategic approach to continuous improvement. Burlington

Ishikawa, K. (1985): What is Total Quality Control? The Japanese Way. Tokio

Juran, J. M. (1988): Juran's Quality Control Handbook. New York

Kaplan, R. S./Norton, D. P. (Hrsg.) (1997): Die Balanced Scorecard-Strategien erfolgreich umsetzen. Stuttgart

Kaplan, R. S./Norton, D. P. (2001): Die strategiefokussierte Organisation – Führen mit der Balanced Scorecard. Stuttgart

Kaplan, R. S./Norton, D. P. (2009): Der effektive Strategieprozess. Frankfurt am Main

Klau, R. (2013): How Google sets goals: OKR. Youtube vom 14.05.2013, online verfügbar unter: https://www.youtube.com/watch?v=mJB83EZtAjc (letzter Zugriff: 25.08.2019)

10

Kleinhietpaß, G. (2008): Potenzialprofil – am Kundennutzen orientierte Verkaufspreise finden, in: Controller Magazin, 9/2008, S. 10 ff.

Kotter, J. P./Cohen, D. S. (2002): The heart of change: Real-life stories of how people change their organizations. New York

Kudernatsch, D. (2018): Studienbericht Reifegrad Strategieumsetzung. München

Kudernatsch, D. (2019): Hoshin Kanri – Policy Deployment durch agile Strategieumsetzung. Stuttgart

Levy, S. (2012): Google Inside – Wie Google denkt, arbeitet und unser Leben verändert. Heidelberg

Liker, J. K. (2007): Der Toyota Weg: 14 Managementprinzipien des weltweit erfolgreichsten Automobilkonzerns. München

Liker, J. K. (2011): Der Toyota-Weg. München

Liker, J. K./Convis, G. L. (2012): Toyota Lean Leadership. New York

Liker, J. K./Franz, J. K. (2011): The Toyota Way to continuous improvement. New York

Liker, J. K./Hoseus, M. (2009): Die Toyota-Kultur. München

Lobacher, P./Jacob, C./Haag, J./Schubert, M. (2017): Agiles Zielmanagement und modernes Leadership mit Objectives und Key Results (OKR). North Charleston

Malik, F. (2006): Führen, Leisten, Leben. Frankfurt am Main

Ohno, T. (1993): Das Toyota Produktionssystem. Frankfurt am Main

Osterwalder, A./Pigneur, Y. (2011): Business Model Generation. Frankfurt am Main, New York

Ozeki, K./Asaka, T. (1988): Handbook of Quality Tools: the Japanes approach. Cambridge

Rother, M. (2009): Die Kata des Weltmarktführers – Toyotas Erfolgsmethoden. Frankfurt am Main

Shook, J. (2009): Toyota‹s Secret: The A3 Report, in: MIT Sloan Management Review, Vol. 50, No. 4, pp. 30 ff.

Shook, J. (2010): Managing to Learn – Using the A3 Management process to solve problems, gain agreement, mentor, and lead. Cambridge

Sobek, D. K. (2008): Understanding A3 thinking: a critical component of Toyotas PDCA-Management. New York

Steiber, A. (2014): The Google Model – Managing continuous innovation iin a rapidly changing world. London

Tichy, N. M./Cohen, E. (1997): The leadership engine: how winning companies build leaders at every level. New York

Wodtke, C. (2016): Radical focus – Achieving your most important goals with Objectives and Key Results. San Bernardino

11 Glossar

Agilität

Agilität ist eine Form der Unternehmensführung, um flexibel und schnell auf Marktveränderungen reagieren zu können. Mit der Festlegung der agilen Prinzipien in Form des agilen Manifests im Jahr 2001 wurden viele agile Methoden und Werkzeuge entwickelt.

5-Warum-Fragen/5-Why-Fragen

5-Warum-Fragen ist eine Technik, die dem Aufspüren der wahren Ursachen eines Problems dient. Man begnügt sich bei der Anwendung der 5-Warum-Fragen nicht mit der ersten Antwort auf ein Problem. Durch fünfmaliges Fragen nach dem Warum nähert man sich schrittweise der echten Problemursache.

A3-Report

Der A3-Report ist eines der bewährtesten Werkzeuge von Toyota und wurde zur Lösung von Problemen entwickelt. Im Unterschied zum klassischen Projektmanagement wird der A3-Report als »living document« verwendet, das durch ein strukturiertes Vorgehen gekennzeichnet ist, bei dem die Lösung mittels Lean-Instrumenten gesucht wird und das die visuelle Darstellung beispielsweise von Ausgangs- und Zielsituation in den Vordergrund stellt.

Balanced Scorecard (BSC)

Balanced Scorecard (ausgewogener Berichtsbogen) ist ein Managementkonzept zur Umsetzung einer Unternehmensstrategie in ein konsistentes System von strategischen Zielen und die Konkretisierung dieser strategischen Ziele durch operative Ziele und Maßnahmen. Ziele und Kennzahlen bilden die für den langfristigen Erfolg wichtigen Dimensionen ab, das sind für gewinnorientierte Unternehmen die Finanz-, Kunden-, Prozess-, Lern- bzw. Innovationsperspektive.

Breakthrough-Ziele

→ Durchbruchsziele

Catchball-Prozess

Im Rahmen der Zielabstimmung beim Hoshin-Kanri-Ansatz werden die Ziele zwischen verschiedenen Hierarchieebenen, aber auch cross-funktional durch die Beteiligten abgestimmt. Dieser Prozess heißt Catchball. Über Ziele,

11

Verbesserungsprioritäten, Kennzahlen, Rollen und Verantwortlichkeiten sowie die Verteilung und Entwicklung von Ressourcen wird dabei Konsens geschaffen.

Durchbruchsziele

Durchbruchsziele (Breakthrough-Ziele) zeichnen sich dadurch aus, dass signifikante Performance-Verbesserungen in einem Unternehmen, einer Abteilung oder einem Schlüsselprozess erreicht werden sollen. Das heißt, es handelt sich um radikale und tiefgreifende Verbesserungen, die auch ein grundlegendes Überdenken der betroffenen Prozesse oder Systeme erfordern können, und nicht um eine kontinuierliche und schrittweise Verbesserung wie beispielweise bei → Kaizen.

Fünf-Warum-Fragen

→ 5-Warum-Fragen

Hoshin Kanri

Hoshin Kanri (auch Policy Deployment) stellt einen durchgängigen und abgestimmten Strategieplan bereit, der ausgehend von einer Vision strategische → Durchbruchsziele (Breakthrough-Ziele) in jährliche Ziele auf allen Ebenen übersetzt, diese vertikal und horizontal abstimmt und Verbesserungsmaßnahmen zu ihrer Erreichung festlegt. Dabei rücken nicht die damit verbundenen Werkzeuge in den Vordergrund, vielmehr geht es darum, intensiv Führungsfähigkeiten und Know-how für signifikante Prozessverbesserungen auf allen Ebenen zu entwickeln, damit die herausfordernden Ziele erreicht werden können.

Ishikawa-Diagramm

Das Ishikawa-Diagramm (Ursache-Wirkungs-Diagramm) stellt die Visualisierung eines Problemlösungsprozesses dar, bei dem nach den primären Ursachen eines Problems gesucht wird, indem Hauptursachen so lange zerlegt werden, bis die Wurzel des Problems erreicht ist.

Kaizen

Kaizen bedeutet »Veränderung zum Guten« bzw. »Besseren«. Unter Kaizen wird die schrittweise und stetige Verbesserung von Abläufen, Produktionsverfahren oder Produkten durch alle Mitarbeiter eines Unternehmens verstanden.

KATA

Als Kata werden im Kampfsport Übungen bezeichnet, deren Bewegungsablauf in vielerlei Hinsicht – mitunter auch im Zeitablauf – detailliert festgelegt sind. Führungsroutinen werden im Lean Management auch mit Kata bezeichnet.

KVP

KVP (kontinuierlicher Verbesserungsprozess) steht für das permanente Verbessern von Produkten, Prozessen und Verhaltensweisen in kleinen und kleinsten Schritten. KVP zielt in erster Linie auf eine Erhöhung des Kundennutzens und auf die Verbesserung des Betriebsergebnisses ab, indem verschiedene betriebliche Kernkennziffern beeinflusst werden. Dabei lautet die Maxime: Es soll kein Tag ohne eine Veränderung vergehen. Der Ursprung von KVP liegt in der japanischen → Kaizen-Philosophie.

Lean Management

Lean Management bzw. Lean Production geht auf das bei Toyota seit vielen Jahren etablierte Produktionssystem (TPS) zurück. Wesentliches Ziel von Lean Management ist es, ohne Verschwendung Werte zu schaffen, also mit möglichst geringem Aufwand einen möglichst großen Kundennutzen zu generieren.

LeSS

LeSS ist eine Sammlung von Rahmenwerken, Leitlinien und Vorschlägen für Experimente, die helfen, Scrum für viele Teams zu skalieren. LeSS dient wie Scrum dazu, eine Produktentwicklung auf Agilität zu optimieren.

Management by Objectives (MbO)

Das Management by Objectives (auch Führung durch Zielvereinbarungen) ist eine Methode der Mitarbeiterführung, die darauf basiert, dass Mitarbeiter und Vorgesetzter gemeinsam bestimmte Ziele verabreden, die vom Mitarbeiter innerhalb eines festgelegten Zeitraums zu erreichen sind.

Net Promoter Score (NPS)

Der Net Promoter Score ist eine Kennzahl, um die Loyalität bzw. Zufriedenheit von Kunden darzustellen. Sie berechnet sich aus dem Verhältnis zwischen den Menschen, die einem Unternehmen eher positiv gegenüberstehen und es weiterempfehlen (Promotoren), und den Menschen, die das nicht tun (Detraktoren).

Pareto-Diagramm

Das Pareto-Diagramm beruht auf dem Pareto-Prinzip, nach dem die meisten Auswirkungen eines Problems (80 Prozent) häufig nur auf eine kleine Anzahl von Ursachen (20 Prozent) zurückzuführen sind. Es ist ein Säulendiagramm, das Problemursachen nach ihrer Bedeutung ordnet.

11

PDCA-Zyklus

Der PDCA-Zyklus (auch Deming-Kreis) beschreibt einen iterativen vierphasigen Problemlösungsprozess, der seine Ursprünge in der Qualitätssicherung hat. PDCA steht hierbei für plan – do – check – act, was im Deutschen auch als Planen – Tun – Überprüfen – Umsetzen oder Planen – Umsetzen – Überprüfen – Handeln übersetzt wird. Der PDCA-Zyklus findet ebenfalls Anwendung beim kontinuierlichen Verbesserungsprozess beziehungsweise → Kaizen.

Policy Deployment

→ Hoshin Kanri

Problemlösung

Problemlösung ist die systematische Herangehensweise an das Beseitigen von Hindernissen oder Problemen im Managementprozess. Probleme treten auf, wenn etwas sich nicht so verhält, wie es soll, wenn etwas von der Norm abweicht oder wenn etwas schiefgeht. Im Zusammenhang mit Lean Management wird Problemlösung als eine Methode verstanden, mittels derer nach kontinuierlicher Verbesserung gestrebt wird.

Review

Als Review wird meist ein Feedback-Gespräch zwischen dem Vorgesetzten und einem Mitarbeiter oder seinem Team bezeichnet. Es dient dem Soll-Ist-Abgleich von geplanter und geleisteter Performance sowie zur Identifizierung von Ursachen und zur sofortigen Einleitung von Gegenmaßnahmen.

SAFe

Das Scaled Agile Framework (SAFe) ist eines der verbreitetsten Rahmenwerke, um Scrum bzw. Agil zu skalieren. SAFe baut auf Lean auf und bietet ein agiles Framework für die Ebene der Teams, der Programme und der gesamten Organisation (Portfolio-Ebene).

Scrum@Scale

Scrum@Scale ist ein Rahmenwerk, um die Skalierung von Scrum auch in großen Organisationen zu entwickeln und zu gestalten.

Shopfloor-Management

Unter Shopfloor-Management ist das Führen vor Ort (»Hallenboden«) gemeint und es umfasst Prozesse, Regeln, Verhaltensweisen, Methoden und Systeme zur Sicherstellung einer möglichst effizienten Produktion. Das Shopfloor-

Management legt den Fokus auf das Geschehen direkt an der Basis, also am Ort der Wertschöpfung.

SMART-Ziele
SMART ist ein Akronym für specific, measurable, accepted, realistic, timely und dient als Kriterium zur eindeutigen Definition von Zielen. Ein Ziel ist nur dann SMART, wenn es spezifisch, messbar, von allen Beteiligten akzeptiert, realistisch und zeitlich begrenzt ist.

Standardisierung
Mit Standardisierung wird sichergestellt, dass stabile und wiederholbare Methoden installiert sind, um die Berechenbarkeit, gleichmäßige Durchlaufzeiten sowie geplante Ergebnisse in den Prozessen zu gewährleisten. Standardisierung bedeutet, dass Prozesse und Abläufe standardisiert werden und nicht Formulare oder Vorgehensweisen. Ein standardisierter Prozess zeigt auf dem besten Weg, dass ein Unternehmen weiß, wie etwas zu einem bestimmten Zeitpunkt gemacht wird.

Stretch-Goal
Stretch-Goal bedeutet ausgedehnte, überhöhte Zielvorgabe. »Verlange mehr als du eigentlich erwartest, dann bekommst du das, was du wolltest.«

Top Job
Top Job zeichnet die besten Arbeitgeber im Mittelstand mit dem Arbeitgebersiegel TOP JOB aus.

Total Quality Management
Total Quality Management, abgekürzt durch TQM, ist ein ganzheitliches Konzept, um in allen Unternehmensbereichen und auf allen Ebenen Qualität als jederzeit angestrebtes Ziel zu integrieren. Geprägt wurde die Total-Quality-Management-Philosophie in den 1940er Jahren von dem Amerikaner William E. Deming. Im Rahmen der TQM-Umsetzung wird der Baldrige Award an Unternehmen verliehen.

X-Matrix
Die X-Matrix ist ein Instrument im Hoshin-Kanri-Ansatz, um das strukturierte Herunterbrechen der strategischen Ziele auf verschiedene, untergeordnete Ebenen und die Zuordnung von Verantwortlichkeiten zu unterstützen. Somit werden die strategischen Ziele über den Zwischenschritt, Vorhaben zu formulieren, in Prozessziele übergeleitet. In einem weiteren Schritt können aus diesen Prozesszielen nach derselben Systematik (über die Definition von Projekten) die Mitarbeiterziele abgeleitet werden.

Die Autorin

Daniela Kudernatsch

Dr. Daniela Kudernatsch ist Geschäftsführerin des Beratungsunternehmens Kudernatsch Consulting & Solutions, das Unternehmen bei der Strategieentwicklung und -umsetzung unterstützt. Außerdem begleitet die promovierte Betriebswirtin Unternehmen bei der Einführung und Nutzung von Hoshin Kanri (Policy Deployment), OKR, Balanced Scorecard, Six Sigma (Master Black Belt), Lean Management und Lean Leadership. Sie ist Autorin mehrerer Fachbücher und zahlreicher Artikel zum Thema Strategieumsetzung. Sie zählt zu den Wegbereitern der Balanced Scorecard und des Hoshin Kanri im deutschsprachigen Raum. Auf nationalen und internationalen Kongressen referiert sie über neueste Entwicklungen und Trends. Sie arbeitete bereits in mehr als 60 Strategieumsetzungsprojekten in multinational und international agierenden Unternehmen mit.

Stichwortverzeichnis